Soldadura con alambre tubular

Joaquín González Pérez

ic editorial

Soldadura con alambre tubular
© Joaquín González Pérez

1ª Edición

© IC Editorial, 2025

Editado por: IC Editorial
c/ Cueva de Viera, 2, Local 3
Centro Negocios CADI
29200 Antequera (Málaga)
Teléfono: 952 70 60 04
Fax: 952 84 55 03
Correo electrónico: iceditorial@iceditorial.com
Internet: www.iceditorial.com

ISBN: 979-13-7027-056-8
Depósito Legal: MA 1659-2025

Impresión: PODiPrint
Impreso en Andalucía – España

Nota de la editorial: IC Editorial pertenece a Innovación y Cualificación S. L.

Presentación del manual

El **Certificado de Profesionalidad** es el instrumento de acreditación, en el ámbito de la Administración laboral, de las cualificaciones profesionales del Catálogo Nacional de Cualificaciones Profesionales adquiridas a través de procesos formativos o del proceso de reconocimiento de la experiencia laboral y de vías no formales de formación.

El elemento mínimo acreditable es la **Unidad de Competencia.** La suma de las acreditaciones de las unidades de competencia conforma la acreditación de la competencia general.

Una **Unidad de Competencia** se define como una agrupación de tareas productivas específica que realiza el profesional. Las diferentes unidades de competencia de un certificado de profesionalidad conforman la **Competencia General,** definiendo el conjunto de conocimientos y capacidades que permiten el ejercicio de una actividad profesional determinada.

Cada **Unidad de Competencia** lleva asociado un **Módulo Formativo,** donde se describe la formación necesaria para adquirir esa **Unidad de Competencia,** pudiendo dividirse en **Unidades Formativas.**

El presente manual desarrolla la Unidad Formativa **UF3002: Soldadura con alambre tubular,**

perteneciente al Módulo Formativo **MF2313_2: Ejecución de las operaciones de soldeo por arco bajo gas protector con electrodo consumible, soldeo «MIG/MAG»,**

asociado a la unidad de competencia **UC2313_2: Ejecutar las operaciones de soldeo por arco bajo gas protector con electrodo consumible, soldeo «MIG/MAG»,**

del Certificado de Profesionalidad **Soldadura por arco bajo gas protector con electrodo consumible, soldeo «MIG/MAG».**

MF2313_2

EJECUCIÓN DE LAS OPERACIONES DE SOLDEO POR ARCO BAJO GAS PROTECTOR CON ELECTRODO CONSUMIBLE, SOLDEO «MIG/MAG»

Tiene asociado el →

UNIDAD DE COMPETENCIA UC2313_2

Ejecutar las operaciones de soldeo por arco bajo gas protector con electrodo consumible, soldeo «MIG/MAG»

Compuesto de las siguientes
UNIDADES FORMATIVAS

UF3000
Preparación previa al soldeo MIG/MAG y soldadura MAG de chapas y perfiles de acero al carbono

UF3001
Soldadura MIG/MAG de chapas y estructuras de acero al carbono e inoxidable

UF3002
Soldadura con alambre tubular

UNIDAD FORMATIVA DESARROLLADA EN ESTE MANUAL

UF2999
Prevención de riesgos laborales en trabajos de soldadura

FICHA DE CERTIFICADO DE PROFESIONALIDAD

(FMEC0119_2) SOLDADURA POR ARCO BAJO GAS PROTECTOR CON ELECTRODO CONSUMIBLE, SOLDEO «MIG/MAG»

(R. D. 569/2023, de 4 julio)

COMPETENCIA GENERAL: Realizar las operaciones de soldeo por arco bajo gas protector con electrodo consumible, soldeo «MIG/MAG», de acuerdo con la información aportada por los planos, especificaciones técnicas, especificaciones de los procedimientos de soldeo e instrucciones de trabajo, cumpliendo los estándares de calidad y la normativa aplicable sobre prevención de riesgos laborales y de protección del medioambiente.

Cualificación profesional de referencia	Unidades de competencia		Ocupaciones o puestos de trabajo relacionados
FME684_2 SOLDADURA POR ARCO BAJO GAS PROTECTOR CON ELECTRODO CONSUMIBLE, SOLDEO «MIG/MAG» (R. D. 98/2019, de 1 de marzo)	UC2312_2	Realizar las operaciones previas de preparación al soldeo con electrodo.	· Soldadores y oxicortadores. · Soldadores por MIG/MAG. · Soldadores de estructuras metálicas ligeras.
	UC2313_2	Ejecutar las operaciones de soldeo por arco bajo gas protector con electrodo consumible, soldeo «MIG/MAG»	
	UC2314_2	Realizar las operaciones de comprobación y mejora postsoldeo al soldeo con electrodo.	

Correspondencia con el Catálogo Modular de Formación Profesional

Módulos certificado	Unidades formativas	Horas
MF2312_2: Realización de las operaciones previas al soldeo con electrodo	UF2998: Realización de las operaciones previas al soldeo con electrodo	60
	UF2999: Prevención de riesgos laborales en trabajos de soldadura	30
	UF3000: Preparación previa al soldeo MIG/MAG y soldadura MAG de chapas y perfiles de acero al carbono	90
MF2313_2: Ejecución de las operaciones de soldeo por arco bajo gas protector con electrodo consumible, soldeo «MIG/MAG»	UF3001: Soldadura MIG/MAG de chapas y estructuras de acero al carbono e inoxidable	90
	UF3002: Soldadura con alambre tubular	80
	UF2999: Prevención de riesgos laborales en trabajos de soldadura	30
MF2314_2: Realización de las operaciones postsoldeo con electrodo	UF3003 Realización de las operaciones postsoldeo con electrodo	60
	UF2999: Prevención de riesgos laborales en trabajos de soldadura	30
MFPCT0594: Módulo de formación práctica en centros de trabajo de soldadura MIG/MAG		80

Índice

Unidad de aprendizaje 1
Procedimientos operatorios en el soldeo con alambre tubular

1. Introducción   9
2. Regulación de los parámetros principales en la soldadura
   MAG con alambre tubular   10
3. Inclinación y dirección de avance de la pistola   40
4. Distancia pieza-pistola   48
5. Técnicas de soldeo   55
6. Limpieza de escorias   65
7. Generación de humos. Métodos de extracción para
   su disminución   70
8. Aplicación práctica de soldeo de chapas de acero al carbono
   con alambre tubular   79
9. Resumen   94
   Ejercicios de autoevaluación   95

Unidad de aprendizaje 2
Defectos en la soldadura con alambre tubular

1. Introducción   101
2. Tipos de defectos más comunes   102
3. Factores y causas a tener en cuenta para cada uno
   de los defectos   111
4. Correcciones a tener en cuenta para cada uno
   de los defectos   128
5. Inspección visual de las soldaduras   145
6. Ensayos utilizados para la detección de errores   153
7. Resumen   166
   Ejercicios de autoevaluación   167

Glosario   169

Bibliografía   173

OBJETIVOS GENERALES

El objetivo general del **MF2313_2: Ejecución de las operaciones de soldeo por arco bajo gas protector con electrodo consumible, soldeo «MIG/MAG»,** es:

➲ Ejecutar las operaciones de soldeo por arco bajo gas protector con electrodo consumible, soldeo «MIG/MAG».

El objetivo general del **UF3002: Soldadura con alambre tubular,** es:

➲ Obtener la información del procedimiento de soldeo por arco bajo gas protector con electrodo consumible, para seleccionar los materiales, equipos o herramientas, entre otros, interpretando las especificaciones e instrucciones técnicas.
➲ Disponer los equipos y consumibles para la operación de soldeo por arco bajo gas protector con electrodo consumible, cumpliendo la normativa aplicable sobre prevención de riesgos laborales y protección del medioambiente.
➲ Realizar la soldadura por arco bajo gas protector con electrodo consumible para unir los elementos, de acuerdo con las especificaciones técnicas, especificaciones de los procedimientos de soldeo o instrucciones de trabajo, cumpliendo la normativa aplicable sobre prevención de riesgos laborales y protección del medioambiente.

Procedimientos operatorios en el soldeo con alambre tubular

Contenido

1. Introducción
2. Regulación de los parámetros principales en la soldadura MAG con alambre tubular
3. Inclinación y dirección de avance de la pistola
4. Distancia pieza-pistola
5. Técnicas de soldeo
6. Limpieza de escorias
7. Generación de humos. Métodos de extracción para su disminución
8. Aplicación práctica de soldeo de chapas de acero al carbono con alambre tubular
9. Resumen

Objetivos

Los objetivos específicos de esta Unidad de Aprendizaje son:

→ Ajustar los parámetros principales del proceso de soldeo, incluyendo corriente, voltaje, velocidad de alimentación del alambre, flujo de gas protector y distancia pieza-pistola, para optimizar la calidad de la soldadura.

→ Aplicar técnicas adecuadas de manipulación de la pistola de soldadura, considerando la inclinación, la dirección de avance, la velocidad de desplazamiento y la velocidad de deposición, asegurando la estabilidad del arco y la correcta formación del cordón.

→ Comprender el proceso de soldeo con alambre tubular, sus principios de funcionamiento y aplicaciones industriales.

→ Conocer la importancia de la reducción de humos durante la ejecución de la soldadura con alambre tubular.

1. Introducción

La soldadura con alambre tubular es una técnica esencial en el campo de la metalurgia y la fabricación, reconocida por su versatilidad y eficiencia. Esta unidad de aprendizaje se centra en los procedimientos operatorios esenciales que se requieren para el soldeo con este tipo de alambre, destacando su aplicación práctica y técnica. Desde proyectos de grandes estructuras y puentes metálicos, calderería pesada, hasta la fabricación de maquinaria pesada, la soldadura con alambre tubular es indispensable debido a su capacidad para ofrecer uniones fuertes y duraderas, incluso en ambientes difíciles.

La importancia de comprender en detalle los parámetros de soldeo, como la corriente, el voltaje de arco o la velocidad de desplazamiento, radica en su impacto directo sobre la calidad de la unión soldada. Un ajuste incorrecto no solo podría generar defectos en la soldadura, sino que también podría incrementar los costes operativos al requerir reparaciones. Por ejemplo, en la construcción de puentes o en la industria automotriz, una soldadura defectuosa podría tener consecuencias catastróficas, comprometiendo la seguridad estructural del producto final.

Además, en un contexto donde la eficiencia laboral y la reducción de costes son prioritarios, entender las técnicas para optimizar el flujo de gas protector o mejorar la velocidad de deposición se convierte en una habilidad esencial para los soldadores modernos. La adecuada inclinación y dirección de la pistola, así como la determinación de la distancia óptima de trabajo, no solo afectan la calidad de la soldadura, sino que también influyen en el tiempo de producción y en el consumo de materiales, lo que puede significar una diferencia crucial en grandes operaciones industriales.

El soldeo con alambre tubular también enfrenta desafíos como la generación de humo y la necesidad de limpieza postsoldadura de las escorias. Abordar estos aspectos con métodos manuales o usando equipamientos automáticos de limpieza y extracción de humo no solo mejora la calidad del ambiente laboral, sino que también protege la salud del soldador, garantizando un espacio de trabajo seguro y conforme a las normas de seguridad.

Manuel, un experimentado soldador con electrodo consumible, ha sido contratado por un importante taller metalúrgico en expansión y con proyección internacional. Dada la importancia de sus proyectos, la empresa utiliza a menudo la soldadura con hilo tubular. El conocimiento del mundo del metal por parte de Manuel es elevado, pero no tiene experiencia con la soldadura con hilo tubular. Tiene mucho interés en el aprendizaje de esta nueva técnica.

2. Regulación de los parámetros principales en la soldadura MAG con alambre tubular

 HILO CONDUCTOR

Manuel es un especialista en los equipos de soldadura con electrodo consumible. Los equipos usados en la soldadura MAG con alambre tubular, aunque diferentes, le son familiares, y es muy optimista respecto a sus destrezas y su rápido aprendizaje.

La soldadura *metal active gas* (MAG) con alambre tubular es un proceso avanzado que combina la fusión continua del alambre de relleno con una atmósfera protectora generada por gases activos. Este método es esencial para trabajos en estructuras metálicas que requieren unas uniones fuertes y duraderas, en diversos campos como la construcción, la fabricación automotriz y las reparaciones industriales.

Uno de los aspectos más críticos en la ejecución de una soldadura exitosa es la correcta regulación de los parámetros principales del proceso. Estos parámetros influyen directamente en la calidad de la soldadura, su resistencia y la eficiencia del proceso. A continuación, se detallan los factores fundamentales que afectan el resultado del proceso de soldadura MAG con alambre tubular y cómo regularlos para obtener mejores resultados.

 NOTA

El proceso de soldadura con alambre tubular, conocido por sus siglas en inglés FCAW *(flux cored arc welding)*, consiste en la utilización de un electrodo o hilo tubular que contiene un núcleo fundente.

Continúa en página siguiente >>

<< Viene de página anterior

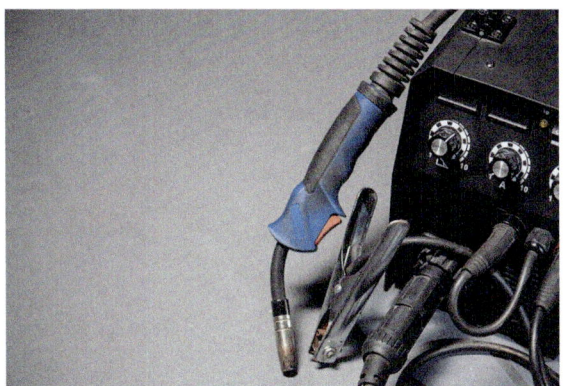

Mandos que ajustan parámetros de soldeo

2.1. Posiciones de soldadura

En el proceso de soldeo con alambre tubular, la posición de soldadura juega un papel crucial en la calidad del cordón y en la facilidad de ejecución del trabajo. Dependiendo de la orientación de la junta y de la gravedad que actúa sobre el baño de fusión, se establecen diferentes posiciones normalizadas en las normas EN y AWS.

Las denominaciones de las distintas posiciones de soldadura quedan reflejadas en la siguiente tabla:

Posiciones de soldaduras en chapas

Posición UNE-EN ISO 6947	Denominación AWS D1.1	Tipo de soldadura	Descripción
PA	1G	A tope	Soldadura plana sobre una pieza horizontal.
PA	1F	A filete	Soldadura en ángulo en una junta en posición horizontal.
PB	2F	A filete	Soldadura en ángulo con la pieza en horizontal y la pistola desplazándose en línea recta.

Continúa en página siguiente >>

<< Viene de página anterior

Posiciones de soldaduras en chapas

Posición UNE-EN ISO 6947	Denominación AWS D1.1	Tipo de soldadura	Descripción
PC	2G	A tope	Soldadura a tope en posición horizontal con la junta vertical.
PD	4F	A filete	Soldadura en ángulo en posición sobre cabeza.
PE	4G	A tope	Soldadura a tope sobre cabeza, con la pieza por encima del operario.
PF	3G Ascendente	A tope	Soldadura a tope en vertical, avanzando de abajo hacia arriba.
PG	3G Descendente	A tope	Soldadura a tope en vertical, avanzando de arriba hacia abajo.
PF	3F	A filete	Soldadura en ángulo en posición vertical ascendente.

Posiciones de soldaduras en tuberías

Posición UNE-EN ISO 6947	Denominación AWS D1.1	Tipo de soldadura	Descripción
PA (rotación libre)	1G	A tope	La tubería está en horizontal y gira mientras se suelda.
PC	2G	A tope	La tubería está en vertical y la soldadura se realiza horizontalmente.
H-L045	5G	A tope	La tubería está en horizontal y fija, el soldador debe soldar en diferentes ángulos.
J-L045	6G	A tope	La tubería está inclinada a 45° y fija.
PD (sobre cabeza en tubería)	4F (Tubería)	A filete	Soldadura en ángulo en tuberías fijas en posición sobre cabeza.
PF (vertical en tubería)	3F (Tubería)	A filete	Soldadura en ángulo en tuberías en posición vertical.
PA (rotación libre)	1G	A tope	La tubería está en horizontal y gira mientras se suelda.

Continúa en página siguiente >>

<< Viene de página anterior

Posiciones de soldaduras en tuberías

Posición UNE-EN ISO 6947	Denominación AWS D1.1	Tipo de soldadura	Descripción
PC	2G	A tope	La tubería está en vertical y la soldadura se realiza horizontalmente.
PF	3F	A filete	Soldadura en ángulo en posición vertical ascendente.

Plano	Horizontal	Vertical	Sobrecabeza
Uniones de filete			
1F	2F	3F	4F
Uniones de biseladas			
1G	2G	3G	4G
Uniones de tuberías			
La tubería se rota mientras se suelda 1G	2G	La tubería no se rota mientras se suelda 5G	6G

Según la norma europea (EN)

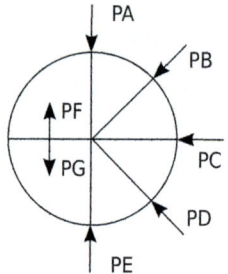

Esquema gráfico de
las posiciones de
soldadura según norma
europea (UNE-EN)

Cada posición requiere ajustes en los parámetros de soldeo, que veremos a continuación, como el amperaje, voltaje y velocidad de desplazamiento, para evitar defectos como falta de fusión, porosidad o exceso de material.

 ## ACTIVIDAD COMPLEMENTARIA

1. Investiga el proceso de soldadura FCAW, recopilando información sobre sus características principales. Indaga sobre su origen, el momento en que comenzó a emplearse y los beneficios que ofrece en comparación con otros métodos de soldeo similares.

Bobina de hilo tubular usada en
el procedimiento FCAW

2.2. Corriente de soldadura

La corriente es fundamental, no solo en la transferencia del metal de aporte al baño de fusión, sino también en la calidad y las propiedades mecánicas del cordón de soldadura resultante.

La corriente de soldadura, medida en amperios, representa la cantidad de electricidad que fluye a través del circuito durante el proceso de soldadura. Esta corriente eléctrica determina la cantidad de calor que se genera durante la fusión del alambre de aporte, y comprender cómo ajustar y controlar esta corriente es primordial para lograr una soldadura eficiente y de alta calidad. Una corriente inadecuada puede resultar en defectos tales como inclusiones de escoria, porosidad o falta de fusión.

Entre los aspectos sobre los que tiene importancia la corriente a la hora de realizar la soldadura destacan:

- **Profundidad de penetración.** Una mayor corriente generalmente proporciona una mayor penetración, lo cual es esencial para garantizar la unión profunda de las piezas a soldar. Materiales gruesos suelen requerir corrientes más altas para asegurar una adecuada penetración. Por ejemplo, al soldar acero al carbono de un espesor considerable, es imperativo aumentar la corriente para garantizar que el baño de fusión penetre suficientemente en las dos piezas. Sin embargo, en materiales más delgados, una corriente excesiva podría atravesar el material, generando perforaciones indeseadas.
- **Tasa de fusión.** Un aumento en la corriente incrementa la velocidad a la que el alambre se funde en el charco de soldadura, afectando así la eficiencia del proceso. Además, alambres de mayor diámetro requieren una mayor corriente para fundirse adecuadamente. Por ejemplo, un alambre de 1,6 mm necesitará más amperios comparado con uno de 0,9 mm para lograr una tasa de deposición similar.
- **Forma y tamaño del cordón de soldadura.** La corriente ajusta el perfil del cordón, afectando características como su refuerzo y anchura.
- **Posición de soldadura.** Las posiciones verticales u horizontales, debido a la gravedad y a la facilidad con la que el metal fundido puede desplazarse, generalmente requieren un ajuste específico de corriente para controlar el baño de fusión.
- **Transferencia de metal.** Los diferentes niveles de corriente, junto con el voltaje y el tipo de gas protector, determinan tipos específicos de transferencia de metal, lo cual impacta en la estabilidad del arco y en la cantidad de salpicaduras. Los tipos de transferencia del metal en la soldadura MAG son:

1. Transferencia por cortocircuito: ocurre a baja corriente, entre 100 y 200 A y voltajes aproximados de 17-22 V. Ideal para materiales delgados.
2. Transferencia globular: generalmente considerada no deseada debido a que produce salpicaduras considerables y una penetración inconsistente. Sucede cuando la corriente es moderada (200-250 A) y el voltaje está entre 22-26 V.

Modo de transferencia globular

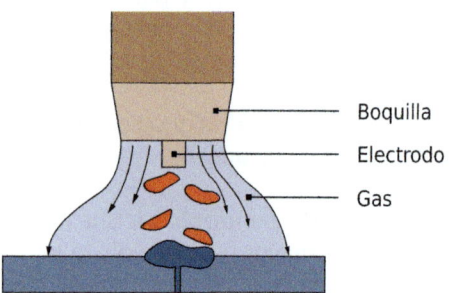

Boquilla
Electrodo
Gas

3. Transferencia *spray:* se lleva a cabo a niveles de corriente altos y se caracteriza por un arco estable y una transferencia de metal en forma de pequeñas partículas. Se logra a altas corrientes (250-300 A) y voltajes superiores a 26 V, proporcionando una transferencia suave y estable.

La correlación adecuada entre el amperaje y el voltaje asegura que el arco entre el alambre y el material sea estable y efectivo, lo que minimiza defectos en el proceso de soldadura.

A pesar de las directrices generales sobre cómo seleccionar la corriente de soldadura, cada operación presenta sus particularidades. Por lo tanto, el ajuste final de la corriente dependerá en gran medida de la experiencia del operador, las pruebas previas y las condiciones específicas del proyecto.

Es crucial para los operadores realizar pruebas cada vez que se cambien parámetros como la composición del gas de respaldo, el tipo de alambre o incluso las condiciones ambientales, que pueden influir en la estabilidad del arco y, en consecuencia, en el nivel de corriente necesario para una soldadura óptima.

El control preciso de la corriente no solo mejora la calidad de la soldadura, sino que, además, juega un papel esencial en la seguridad del entorno de trabajo. Las corrientes excesivas pueden producir salpicaduras que incrementan el riesgo de quemaduras en el operador y daños en las superficies de trabajo.

Además, la calidad del cableado y de las conexiones eléctricas empleadas en el circuito de soldadura debe ser inspeccionada regularmente para prevenir caídas de corriente que puedan impedir alcanzar los amperajes necesarios.

 EJEMPLO

Imaginemos que se va a trabajar con chapas de acero al carbono de 10 mm de grosor con alambre tubular de 1,2 mm de diámetro en posición horizontal. Tras establecer parámetros iniciales, una corriente de alrededor de 250-300 A podría proporcionar una buena penetración y un baño de fusión manejable. La corriente exacta se determinaría después de algunas pruebas adicionales para asegurar que las condiciones de soldadura sean óptimas.

 ACTIVIDAD COMPLEMENTARIA

2. ¿Es recomendable emplear el modo de transferencia por arco *spray* para soldar dos chapas de acero al carbono de 1 mm de grosor? Explica y justifica tu respuesta.

2.3. Voltaje de arco

El voltaje de arco es uno de los parámetros fundamentales en el proceso de soldadura con alambre tubular. Al igual que la corriente, el voltaje juega un papel fundamental en la determinación de la calidad y las características operativas del arco de soldadura. Mientras que la corriente de soldadura se encarga de regular la cantidad de calor generada, el voltaje de arco influye en la longitud del arco y en la estabilidad del mismo.

DEFINICIÓN

Voltaje de arco

Es la diferencia de potencial eléctrico entre la punta del electrodo y la pieza de trabajo durante la soldadura. A diferencia de la corriente, que se mide en amperios, el voltaje de arco se mide en voltios. Los equipos de soldadura modernos permiten ajustar el voltaje de arco y controlarlo con cierta precisión.

El voltaje de arco tiene una influencia esencial en el proceso de soldadura:

- **Influencia sobre el diámetro del cordón y la penetración.** El voltaje de arco afecta directamente al diámetro del cordón de soldadura y a la penetración de la misma. Un voltaje de arco más alto generalmente resulta en un arco más largo, lo que produce un cordón más ancho, pero con menor penetración. En contraste, un voltaje de arco más bajo produce un arco más corto, cordones más estrechos pero con mayor penetración.
- **Relación con la corriente de soldadura.** Hay una relación inherente entre el voltaje y la corriente de soldadura. Un equilibrio adecuado entre ambos parámetros garantiza una deposición constante y eficiente de metal de aporte. Es importante que los operadores y técnicos en soldadura comprendan cómo el ajuste del voltaje puede afectar el flujo de corriente.
- **Estabilidad del arco.** El voltaje es crucial para mantener la estabilidad del arco. Una fluctuación en el voltaje puede llevar a una soldadura irregular, porosidad o arco inestable, lo cual afecta significativamente la calidad de la soldadura. Operar con el voltaje adecuado previene defectos como el salpicado excesivo. Los soldadores pueden ajustar el voltaje a través de controles en la fuente de energía. Esto permite variaciones adecuadas para diferentes aplicaciones de soldadura y materiales. Es recomendable ajustar el voltaje según el tipo de metal base, el tipo de alambre y las posiciones de soldadura.
- **Impacto en la variación del alambre de soldadura.** El voltaje de arco también cambia con el diámetro del alambre de soldadura utilizado. Un diámetro más fino puede requerir un voltaje ligeramente más bajo para lograr una buena penetración, y viceversa para diámetros más gruesos. Ajustar el voltaje correctamente evita falta de fusión y defectos de forma.
- **Efecto en la transferencia de metal.** El tipo de transferencia metálica, ya sea por cortocircuito, globular o *spray,* es influenciado por el voltaje de arco. Un bajo voltaje favorece la transferencia por cortocircuito, mientras que el aumento del voltaje puede facilitar la transferencia de *spray.*

⊃ **Entorno operativo y eficiencia energética.** Considerar el entorno operativo es clave para ajustar el voltaje. En ambientes donde el viento o el aire puede afectar al arco, ajustar el voltaje puede mejorar la estabilidad del arco y la eficiencia de la operación. Además, un control adecuado del voltaje puede reducir el consumo de energía y maximizar la eficiencia del proceso de soldadura.

⊃ **Entorno operativo y eficiencia energética.** Considerar el entorno operativo es clave para ajustar el voltaje. En ambientes donde el viento o el aire puede afectar al arco, ajustar el voltaje puede mejorar la estabilidad del arco y la eficiencia de la operación. Además, un control adecuado del voltaje puede reducir el consumo de energía y maximizar la eficiencia del proceso de soldadura.

 **EJEMPLO**

Imaginemos que se va a trabajar con chapas de acero al carbono de 10 mm de grosor con alambre tubular de 1,2 mm de diámetro en posición horizontal. Se puede comenzar la soldadura con un voltaje de arco de 22 a 26 V. Este intervalo permite una transferencia de metal estable y una adecuada penetración, produciendo cordones de soldadura consistentes y de buena apariencia visual. En aplicaciones donde la soldadura se realiza en posición vertical ascendente puede ser óptimo reducir el voltaje de arco a un rango de 18 a 20 V. Esto logra mantener el baño de fusión más controlado, reduce el riesgo de escurrimiento y garantiza una mejor fusión, permitiendo un avance controlado. Para soldar materiales delgados (2-4 mm) es común reducir el voltaje de arco y operar dentro de un rango de 16 a 18 V, facilitando una transferencia de cortocircuito y minimizando el riesgo de perforación o sobrante de material fundido.

Un ajuste incorrecto del voltaje de arco puede resultar en múltiples defectos: sobrecalentamiento de la soldadura, distorsión del metal base, o soldaduras frías y desajustadas. Además, un voltaje de arco incorrectamente ajustado puede generar más salpicaduras, incrementando la necesidad de repaso de soldadura y limpieza.

Por tanto, es crucial, para cualquier operador de soldadura, familiarizarse con su equipo y conocer las características de los metales a soldar. Realizar pruebas previas y ajustes finos en entornos controlados puede ayudar a optimizar configuraciones específicas y maximizar la eficiencia del proceso de soldadura, obteniendo así resultados de alta calidad en la unión de metales.

En conclusión, entender la dinámica del voltaje en el contexto de la soldadura con alambre tubular proporciona las herramientas necesarias para lograr conexiones de metal efectivas y confiables, facilitando el cumplimiento de las especificaciones y estándares de calidad exigidos en el sector industrial. El manejo adecuado del voltaje de arco, junto con la corriente de soldadura, garantiza no solo una buena deposición de metal, sino también una soldadura eficiente, optimizando recursos y tiempos de producción.

Arco eléctrico

 **NOTA**

Cuando se suelda con alambre tubular, es importante seguir unas reglas para asegurarse de que las uniones sean fuertes y seguras. Para eso, existen dos documentos clave que ayudan a definir y comprobar cómo se debe realizar:

- WPS (especificación del procedimiento de soldadura, de sus siglas en inglés *welding procedure specificaction*). Nos indica el rango de valores de voltaje de arco y corriente, junto a otros parámetros, que se debe tener en cuenta a la hora de realizar una soldadura.
- WPQR (registro de cualificación del procedimiento de soldadura, de sus siglas en inglés *welding procedure qualification record*). Es el documento que recoge todos los ensayos y documentos que confirman que el procedimiento de soldadura cumple con los requisitos de calidad y seguridad.

2.4. Extensión del electrodo

En la soldadura con alambre tubular, la extensión del electrodo, también conocida como longitud de protrusión del alambre (*stick-out* en inglés), es un parámetro clave que afecta la calidad del cordón de soldadura y la eficiencia del proceso. Se define como la distancia entre la punta del alambre tubular y la boquilla de contacto de la pistola de soldadura.

Mantener una extensión adecuada del electrodo permite una fusión eficiente del material, mejora la estabilidad del arco y facilita la eliminación de escoria. Su valor óptimo depende de factores como el tipo de alambre tubular, la posición de soldadura y la intensidad de corriente aplicada.

Una extensión del electrodo demasiado corta tiene como consecuencias:

- Aumento de la corriente de soldadura, lo que incrementa la penetración.
- Mayor estabilidad del arco, pero con riesgo de sobrecalentamiento de la boquilla de contacto.
- Mayor generación de salpicaduras, lo que afecta la limpieza de la soldadura.

Una extensión del electrodo demasiado larga tiene como consecuencias:

- Reducción de la corriente de soldadura, lo que disminuye la penetración y puede generar soldaduras frías.
- Menor estabilidad del arco, lo que provoca variaciones en la fusión y puede favorecer la inclusión de escoria.
- Mayor riesgo de porosidad, especialmente en alambres autoprotegidos, ya que el gas generado podría disiparse antes de proteger completamente el baño de fusión.

 **NOTA**

Los fabricantes de alambre tubular recomiendan una extensión específica para cada tipo de alambre:

- Alambre con protección gaseosa (FCAW-G): entre 15 y 30 mm.
- Alambre autoprotegido (FCAW-SS): entre 20 y 95 mm, dependiendo del diámetro del alambre.
- En extensiones superiores a 100 mm, se recomienda el uso de un tubo de contacto que guíe el alambre recto y evite que haga arco con la boquilla.

Entre los factores que influyen en la extensión del electrodo a la hora de realizar una soldadura podemos destacar:

○ **Material de base.** Diferentes materiales base reaccionan de manera distinta al proceso de soldadura. Por ejemplo, materiales más delgados pueden requerir una extensión del electrodo más corta para evitar quemaduras en el material base, mientras que metales más gruesos pueden manejar extensiones más largas que permitirán una mayor penetración.

Chapas gruesas de acero al carbono

○ **Diámetro del alambre tubular.** La selección del diámetro del alambre tubular juega un rol crucial. Generalmente, alambres de mayor diámetro soportan mayores extensiones del electrodo, pues su masa permite que absorban y conduzcan más energía térmica sin fundirse prematuramente.
○ **Tipo de posición de soldadura.** Las soldaduras en posición vertical o sobre la cabeza pueden necesitar una longitud del electrodo más corta al soldeo en posición plana, para controlar el tamaño y la forma del charco de soldadura y evitar defectos como las gotitas colgantes o la porosidad.
○ **Corriente de soldadura.** La relación entre la extensión del electrodo y la corriente de soldadura es intrínseca. Normalmente, una extensión del electrodo larga se traducirá en menor corriente y menos penetración; sin embargo, una extensión corta se traducirá en mayor corriente y más penetración.

ACTIVIDAD COMPLEMENTARIA

3. Busca en la red información acerca de la composición química del *flux* presente dentro del electrodo tubular, examinando las distintas formulaciones y los porcentajes específicos de los polvos metálicos que lo conforman.

Para ajustar correctamente la extensión del electrodo se pueden seguir los siguientes pasos básicos:

Preparación del equipo
- Asegúrate de que el equipo esté configurado para el tipo de material y soldadura que se va a realizar. Verifica el diámetro del alambre tubular y la clasificación de la máquina de soldadura.

Revisar las especificaciones del fabricante del alambre tubular
- SPara conocer la extensión recomendada.

Realizar soldaduras de prueba
- Realiza cordones de prueba en una pieza similar del mismo material para observar cómo la extensión del electrodo afecta la calidad de la soldadura. Ajusta la longitud de protrusión poco a poco y observa los resultados en términos de penetración y tamaño del cordón.

Ajustes por observación y medición
- Usa herramientas de medición para evaluar la extensión del electrodo y realizar observaciones directas para ajustar el parámetro. Es fundamental comprobar visualmente la estabilidad del arco y la formación del baño de fusión.

Documentación y estándares
- Es aconsejable documentar los ajustes realizados para futuras operaciones similares, asegurando condiciones de repetibilidad y calidad del proceso.

En el apartado anterior, se expuso el voltaje de arco y su importancia en el proceso de soldadura. Un voltaje de arco adecuado es esencial para la estabilidad del arco y una correcta transferencia del metal de relleno al baño de fusión. Mientras ajustamos la extensión del electrodo, debes tener presente la interacción entre estos dos parámetros. Un cambio en la extensión del electrodo puede requerir un ajuste en el voltaje de arco para mantener el arco estable y asegurar una transferencia de material efectiva.

Por ejemplo, al aumentar la extensión del electrodo, se puede requerir un ligero aumento del voltaje de arco para prevenir que el arco se vuelva inestable o que el cordón se oxide. Por el contrario, al reducir la extensión, puede ser necesario reducir el voltaje de arco para evitar el recalentamiento de la boquilla de contacto.

Dado que el control de la extensión del electrodo es un aspecto fundamental para garantizar la calidad en la ejecución de las soldaduras de alambre tubular, se hace necesario que en los talleres se lleven a cabo las siguientes tareas:

Capacitaciones continuas
- Los soldadores deben estar capacitados adecuadamente sobre cómo ajustar la extensión del electrodo y los efectos que tiene en el proceso.

Mantenimiento regular del equipo
- Se verificará regularmente el desgaste de la boquilla de contacto y la pistola de soldadura, ya que equipos desgastados o dañados pueden generar variaciones indeseadas en la extensión del electrodo.

Monitoreo y mecanización
- Se implementarán sistemas de monitoreo continuo para verificar la consistencia del arco y proponer ajustes en tiempo real para la extensión del electrodo.

El control y el ajuste adecuado de la extensión del electrodo son aspectos fundamentales en el soldeo con alambre tubular. Influyen en la calidad, eficiencia y productividad del proceso de soldadura. Al entender cómo diversos factores y condiciones de operación afectan la extensión necesaria del electrodo, los operadores pueden mejorar significativamente el desempeño de sus aplicaciones de soldadura. Este conocimiento no solo permite la optimización de los procesos actuales, sino que también asegura la adaptabilidad ante nuevos desafíos y materiales en el futuro.

APLICACIÓN PRÁCTICA

La evolución del aprendizaje teórico de Manuel sobre el proceso de soldadura con hilo tubular en la compañía está siendo muy positivo. Esta semana, el encargado de taller le planteó una situación que se ha dado en la última construcción industrial que están realizando:

"Hemos encontrado penetración insuficiente en las últimas soldaduras realizadas con hilo tubular con protección gaseosa. A primera vista, parece que el problema reside en la velocidad de soldadura o en la corriente utilizada. Sin embargo, tras revisar los equipos, vemos que los valores están dentro de los valores marcados por el WPS de dicha soldadura. La extensión del electrodo es de 44 mm".

¿Sabes dónde puede residir el problema?, ¿qué se podría hacer para solventarlo?

Solución (Posible solución)

El problema está en la extensión del electrodo. La extensión de 44 mm está fuera de los límites aconsejables de 15-30 mm. Por tanto, se debería reducir la extensión del electrodo y configurar el voltaje de arco para mantener un arco estable. Con esta modificación, la penetración mejorará de forma notable.

2.5. Velocidad de alimentación

La velocidad de alimentación del alambre es un parámetro fundamental en el proceso de soldadura con alambre tubular, ya que influye directamente en la cantidad de material de aporte depositado en la junta y en la estabilidad del arco eléctrico. Se mide en metros por minuto (m/min) y su ajuste adecuado es clave para lograr un cordón de soldadura uniforme y sin defectos.

Una velocidad de alimentación bien ajustada permite:

> Mantener un flujo constante de material de aporte, evitando interrupciones en la soldadura.

Continúa en página siguiente >>

<< Viene de página anterior

> Regular la tasa de deposición, mejorando la eficiencia y la productividad del proceso.

> Contribuir a la estabilidad del arco, reduciendo salpicaduras y defectos como la porosidad o la falta de fusión.

La velocidad de alimentación debe ajustarse según varios factores, entre los que destacan:

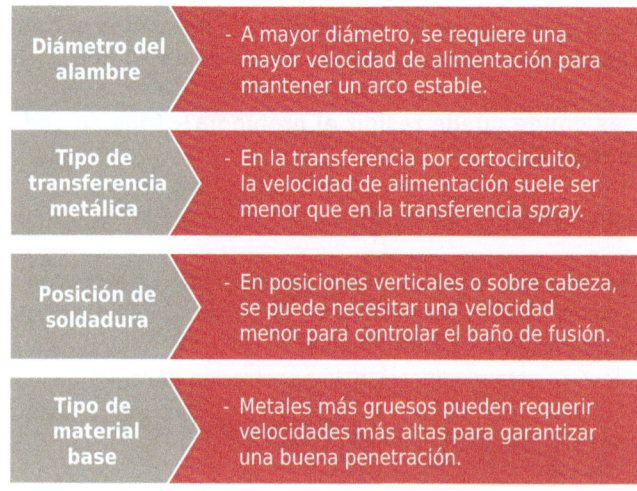

Diámetro del alambre	- A mayor diámetro, se requiere una mayor velocidad de alimentación para mantener un arco estable.
Tipo de transferencia metálica	- En la transferencia por cortocircuito, la velocidad de alimentación suele ser menor que en la transferencia *spray*.
Posición de soldadura	- En posiciones verticales o sobre cabeza, se puede necesitar una velocidad menor para controlar el baño de fusión.
Tipo de material base	- Metales más gruesos pueden requerir velocidades más altas para garantizar una buena penetración.

Un ajuste incorrecto puede generar defectos en la soldadura:

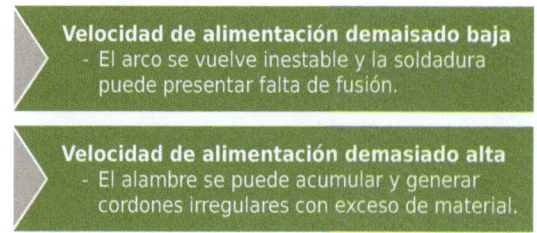

> **Velocidad de alimentación demaisado baja**
> - El arco se vuelve inestable y la soldadura puede presentar falta de fusión.

> **Velocidad de alimentación demasiado alta**
> - El alambre se puede acumular y generar cordones irregulares con exceso de material.

Es recomendable realizar pruebas previas para ajustar la velocidad de alimentación en función de las condiciones específicas del trabajo.

ACTIVIDAD COMPLEMENTARIA

4. Investiga en la red sobre la nomenclatura en AWS A5.20 para hilos tubulares en acero al carbono y busca algún ejemplo.

 SABÍAS QUE...

La devanadora es el componente de la máquina donde se ubica la bobina o carrete, junto con los controles que regulan el avance del hilo a una velocidad constante. Su función principal es posibilitar la separación entre la fuente de energía y el punto de conexión de la pistola.

Devanadora de hilo

2.6. Velocidad de desplazamiento

En el proceso de soldadura con alambre tubular, otro parámetro importante que afecta directamente la calidad de la soldadura es la velocidad de desplazamiento. Este concepto se refiere a la velocidad a la cual el soldador mueve la pistola a lo largo de la unión a soldar. La velocidad de desplazamiento influye en aspectos fundamentales del cordón de soldadura, tales como la penetración, el tamaño del cordón y la tasa de deposición. Una comprensión profunda de este parámetro es crucial para asegurar una soldadura de alta calidad, eficiente y libre de defectos.

La velocidad de desplazamiento está íntimamente relacionada con la cantidad de calor aplicada a la pieza de trabajo. Al variar la velocidad, se altera la cantidad de tiempo que el arco está en contacto con el metal base y, por tanto, la cantidad de energía que se transfiere al material. Es decir, una velocidad de desplazamiento más lenta generalmente resultará en una mayor penetración y un cordón de soldadura más ancho. Esto se debe al mayor tiempo que el arco tiene para fundir el metal base, permitiendo una deposición más extendida del material fundido.

Por el contrario, una velocidad de desplazamiento rápida tiende a producir un cordón más estrecho con menor penetración. Este tipo de configuración puede ser deseable cuando se busca reducir la distorsión térmica en la pieza de trabajo o cuando se trabaja en secciones delgadas. Sin embargo, es importante evitar una velocidad de desplazamiento excesivamente alta, ya que puede causar defectos como falta de fusión o inclusiones de escoria en el cordón de soldadura, lo que puede comprometer la integridad de la soldadura.

Los factores que debemos tener en cuenta a la hora de elegir la velocidad de desplazamiento son:

- **Espesor del metal base.** Uno de los principales factores que determinan la velocidad adecuada es el espesor del metal base. Para metales más gruesos, a menudo se utiliza una velocidad de desplazamiento más baja para asegurar una penetración adecuada y evitar defectos internos que puedan resultar en fallos estructurales.
- **Posición de la soldadura.** Las posiciones de soldadura afectan la selección de la velocidad de desplazamiento. Por ejemplo, en soldaduras verticales ascendentes, una velocidad de desplazamiento más lenta puede ayudar a contrarrestar la gravedad y evitar que el metal fundido fluya hacia abajo.
- **Tipo de alambre.** La selección del alambre tubular y el revestimiento influyen en las características del arco de soldadura y la velocidad de desplazamiento que se puede utilizar. Los alambres con alta tasa de deposición suelen requerir ajustes en la velocidad para asegurar una aplicación controlada.
- **Corriente de soldadura.** La corriente de soldadura afecta directamente la cantidad de calor y al control del baño de fusión. Es necesario ajustar la velocidad de desplazamiento en correspondencia con la corriente disponible para mantener una temperatura óptima del baño de fusión.

El ajuste de la velocidad de desplazamiento requiere una evaluación continua durante el proceso de soldadura. Los operadores deben realizar pruebas y adaptarse a medida que cambian las condiciones, tales como variaciones en el clima, diferentes lotes de metal, o incluso cambios en la posición del operador. El monitoreo cercano de los indicadores visuales del arco, así como la apariencia del cordón de soldadura, proporciona información valiosa para realizar ajustes precisos.

Es fundamental entrenar a los operadores de soldadura para que desarrollen un sentido intrínseco del ritmo necesario para diferentes tareas de soldadura. Esto se logra con formación práctica, análisis de soldaduras previas y un entendimiento profundo de la dinámica del baño de fusión.

Los problemas asociados a valores inadecuados de velocidad de desplazamiento son:

Velocidad demasiado lenta
- Puede provocar sobrecalentamiento, resultando en una penetración excesiva, distorsión de la pieza y una zona afectada por el calor más amplia. Aumenta la posibilidad de que el metal base se debilite estructuralmente.

Velocidad demasiado rápida
- Puede causar porosidad, rango reducido de penetración y estrechez del cordón de soldadura. También existe el riesgo de que se produzca falta de fusión y defectos como inclusiones de escoria.

Oscilación del operador
- Incluir movimientos de oscilación abruptos o irregulares en el desplazamiento puede llevar a inconsistencias en la forma y calidad de la soldadura, afectando la estética y las propiedades mecánicas del cordón.

Con el fin de alcanzar un control preciso y repetitivo de la velocidad de desplazamiento, los soldadores pueden usar varias herramientas y técnicas avanzadas. Entre ellas, se incluye la utilización de dispositivos de registro y análisis de la velocidad, sistemas automatizados de soldadura que mantienen una velocidad constante y técnicas de ensayo no destructivo para evaluar la integridad del cordón de soldadura.

Los sensores de velocidad y cámaras de alta velocidad pueden ayudar a los soldadores a visualizar y medir la trayectoria y la velocidad de desplazamiento durante pruebas prácticas. Adicionalmente, la recopilación de datos durante las operaciones de soldadura permite un ajuste continuo y la creación de perfiles de parámetros de soldadura adecuados para diferentes tipos de unión.

DEFINICIÓN

Ensayos no destructivos (END)
Son pruebas que se realizan en una soldadura para comprobar su calidad sin dañarla ni debilitarla. Se utilizan para detectar defectos internos o externos, como grietas, poros o inclusiones, asegurando que la soldadura sea segura y resistente sin necesidad de cortarla o romperla.

La velocidad de desplazamiento es un componente esencial del conjunto de parámetros que deben entenderse y controlarse para lograr una soldadura eficaz y segura cuando se utiliza alambre tubular. Al interactuar con otros factores del proceso, como la corriente de soldadura y el tipo de alambre, la correcta aplicación de la velocidad de desplazamiento puede mejorar considerablemente la calidad del cordón y la eficiencia del proceso.

En resumen, para dominar la soldadura con alambre tubular, los soldadores deben adquirir la habilidad de manejar con destreza este aspecto, que permitirá avances hacia soldaduras más consistentes, fuertes y visualmente aceptables. Los operadores deben continuar su entrenamiento y mantenerse informados sobre las últimas tecnologías y metodologías para optimizar este y otros parámetros técnicos, garantizando así un alto estándar en todas las aplicaciones de soldadura.

ACTIVIDAD COMPLEMENTARIA

5. ¿Por qué crees que una velocidad de desplazamiento lenta puede aumentar la penetración y la anchura del cordón de soldadura?

2.7. Flujo de gas protector (en el sistema con protección gaseosa)

En el ámbito de la soldadura con alambre tubular, el papel que desempeña el flujo de gas protector es fundamental para garantizar la calidad, estabilidad y efectividad del proceso de soldeo.

El gas protector en el sistema de soldadura con alambre tubular cumple varios propósitos esenciales:

- **Protección atmosférica.** Su función principal es proteger la zona de soldadura de la contaminación atmosférica, en particular del oxígeno y el nitrógeno. La presencia de estos elementos puede llevar a la formación de defectos como porosidad y nitruración en las juntas soldadas.
- **Estabilidad del arco.** El gas protector contribuye a estabilizar el arco de soldadura. Un arco eléctrico estable produce un cordón uniforme, minimizando las salpicaduras y mejorando la calidad del acabado.
- **Transferencia térmica.** Algunos gases influyen en la transferencia de calor en el arco de soldadura, mejorando la penetración y la forma del cordón.
- **Influencia en las propiedades mecánicas.** Incluso en lo que respecta a las propiedades mecánicas del metal soldado, la elección del gas protector puede jugar un papel en la resistencia y ductilidad del material final.

Regulación de flujo de gas

El tipo de gas protector que se utiliza varía según el material base que está siendo soldado, el tipo de alambre tubular y las condiciones ambientales. A continuación, se describen los gases protectores más comunes y sus aplicaciones generales:

Argón (Ar)
- Este gas noble es muy utilizado por su inercia química, lo que lo hace ideal para proteger el baño de soldadura.
- Se utiliza principalmente en la soldadura de materiales no ferrosos, como el aluminio y el titanio.

Dióxido de carbono (CO_2)
- El CO_2 es uno de los gases más económicos y comúnmente utilizados en la soldadura de acero, a pesar de su naturaleza reactiva.
- Su uso mejora la penetración del arco, pero puede aumentar las proyecciones.

Mezclas de argón y dióxido de carbono (Ar-CO_2)
- Esta combinación es muy popular en la soldadura MAG de aceros al carbono y aceros inoxidables. Los porcentajes típicos van de 75 % Ar y 25 % CO_2, proporcionando un buen equilibrio entre estabilidad del arco, control de salpicaduras y calidad del cordón.

Helio (He)
- Se emplea principalmente en la soldadura de aleaciones no ferrosas.
- Aumenta la capacidad de transferencia de calor y mejora la penetración del arco.

Mezclas que incluyen hidrógeno y nitrógeno
- Se utilizan en aplicaciones específicas, principalmente en ambientes de soldadura controlados para aplicaciones avanzadas de soldadura en materiales especiales.

La configuración adecuada del flujo de gas protector es vital para el éxito del proceso de soldadura. Por ello, las mangueras de gas deben revisarse y mantenerse en buen estado, sin fugas o constricciones.

Una cantidad insuficiente de gas puede resultar en contaminación del cordón, mientras que el exceso puede desperdiciar recursos y aumentar los costes. Los soldadores generalmente controlan el flujo de gas utilizando reguladores y válvulas de corte conectadas a cilindros o tanques de gas. Dichos reguladores ofrecen datos sobre la presión y el flujo requerido.

El flujo de gas debe estar entre una tasa de 15-25 litros por minuto (L/min) para la mayoría de aplicaciones. Sin embargo, hay una serie de factores que influyen en la efectividad del flujo de gas protector y que hay que tener en cuenta, ya que pueden requerir un ajuste por parte del profesional. Entre ellos destacan:

Condiciones ambientales
- En condiciones de trabajo al aire libre, donde la brisa puede dispersar el gas protector, el flujo debe aumentarse para asegurar una cobertura adecuada. Pueden colocarse pantallas antiviento para reducir el influjo de las condiciones ambientales en determinados trabajos.

Diámetro de la boquilla de gas
- El tamaño y longitud de la salida afectará el flujo requerido; boquillas más grandes pueden requerir más flujo. La selección de una boquilla adecuada asegura que el gas envuelva al punto de soldeo de forma efectiva.

Tipo de material y espesor
- Materiales gruesos o de gran masa térmica podrían necesitar niveles de flujo más altos para mantener la estabilidad del arco y la calidad del gas protector.

Distancia de la boquilla al trabajo
- Se debe mantener una distancia óptima entre la boquilla de gas y la superficie de soldadura para asegurar una adecuada cobertura del flujo de gas.

Dirección del arco eléctrico
- La orientación y posición del arco pueden influir en cómo se dirige el flujo de gas.

 ## ACTIVIDAD COMPLEMENTARIA

6. Amplía la información sobre el tipo de gas de protección que se recomienda para la soldadura de distintos metales base que nos podamos encontrar. Puedes buscar en internet o en libros o manuales relacionados con soldadura.

Un uso responsable del gas protector va a tener beneficios en la soldadura. Entre ellos destacamos:

Calidad consistente del cordón
- Una adecuada protección gaseosa es sinónimo de menor incidencia de defectos como porosidad o grietas.

Continúa en página siguiente >>

[33]

<< Viene de página anterior

Minimización de desperdicio de material
- Las soldaduras sin defectos reducen la necesidad de rectificaciones y retrabajos.

Estabilidad del arco
- Da lugar a soldaduras más finas y controladas.

Realización de soldaduras avanzadas
- El uso de mezclas de gases y el control adecuado del flujo permiten realizar trabajos de precisión en materiales exigentes.

El flujo de gas protector no es simplemente un aspecto del proceso de soldadura; es parte vital de cualquier operación que busque producir uniones fuertes y confiables. Los operadores y profesionales de la soldadura deben entender no solo las técnicas involucradas en su aplicación, sino también los principios que maximizan su efectividad. Una comprensión sólida y una aplicación cuidadosa del flujo de gas protector contribuyen al éxito de las operaciones de soldadura con alambre tubular y a la creación de productos de alta calidad.

 ## ACTIVIDAD COMPLEMENTARIA

7. Los gases empleados en la soldadura se almacenan en botellas o bombonas de gas. Investiga en la red sobre su almacenaje y localiza fotos de almacenamientos seguros de botellas de gas.

2.8. Velocidad de deposición y eficiencia

La velocidad de deposición y la eficiencia son aspectos cruciales de los procesos de soldadura, específicamente en el contexto del soldeo con alambre tubular. Estos parámetros no solo determinan la productividad del proceso de soldadura, sino que también impactan en la calidad y las propiedades mecánicas de la soldadura terminada. La soldadura con alambre tubular es una técnica versátil que combina lo mejor de los procesos de soldadura

MIG/MAG y electrodo revestido, y comprender cómo maximizarlas puede llevar a un uso más efectivo de esta técnica.

DEFINICIÓN

Velocidad de deposición
Se refiere a la cantidad de metal fundido que se deposita en un periodo de tiempo determinado, a menudo medido en kilogramos por hora.

- -

En el contexto del soldeo con alambre tubular, este parámetro está influenciado por varios factores, que incluyen la velocidad de alimentación del alambre, el tipo y diámetro del alambre tubular utilizado, la corriente de soldadura y el voltaje:

➲ **Velocidad de alimentación del alambre.** A medida que se incrementa la velocidad de alimentación del alambre, también aumenta la cantidad de metal que puede depositarse sobre la junta de soldadura en un periodo dado. Esta característica es particularmente beneficiosa cuando se busca aumentar la productividad, especialmente en trabajos con altas demandas volumétricas de metal de relleno.
➲ **Corriente y voltaje.** La corriente de soldadura debe ajustarse de manera que sea suficiente para fundir el alambre al ritmo deseado y lograr una buena fusión con el metal base. Un aumento en la corriente tiende a elevar la tasa de deposición, pero se debe tener cuidado de no exceder los límites recomendados para evitar posibles defectos en la soldadura, como porosidad o salpicaduras excesivas.
➲ **Tipo y diámetro del alambre tubular.** Los diferentes tipos de alambres tubulares y sus especificaciones de fabricación —por ejemplo, si son autoprotegidos o requieren gas de protección— influirán notablemente en las propiedades del arco y, por consiguiente, en la velocidad de deposición. Además, los diámetros mayores del alambre permiten una mayor deposición en un tiempo limitado, pero podrían requerir ajustes en otros parámetros para mantener el control del arco.

La eficiencia en la soldadura con alambre tubular es una medida del uso eficaz del material de alambre en términos de la cantidad de material depositado versus la cantidad total de alambre consumido. Es común que una porción del alambre se pierda a través de escoria, salpicaduras u otros defectos que no contribuyen a la formación del cordón de soldadura. Por ello, es importante tener en cuenta los factores que influyen en la eficiencia:

⊃ **Escoria y salpicaduras.** La escoria, un subproducto inevitable en la mayoría de los procesos de soldadura, debe ser controlada eficazmente, ya que no solo reduce la eficiencia al consumir material de relleno, sino que también puede afectar negativamente la apariencia y perfil del cordón de soldadura. Minimizar las salpicaduras es otra consideración importante, dado que material que se pierde en forma de salpicaduras no contribuye a la formación del cordón y puede requerir un esfuerzo adicional en limpiar piezas.

⊃ **Compatibilidad del sistema de gas protector.** En sistemas que utilizan gas protector, el tipo de gas y las mezclas utilizadas pueden jugar un papel central en la eficiencia. Una mezcla de gas adecuada puede mejorar la estabilidad del arco, reducir salpicaduras innecesarias y minimizar defectos.

⊃ **Preparación y condiciones de la pieza.** El estado de la superficie de las piezas a soldar, incluyendo la limpieza de contaminantes y el precalentamiento adecuado cuando se necesite, facilita una mejor fusión y minimiza la pérdida innecesaria de material.

⊃ **Habilidades del operador.** La experiencia y habilidad del soldador tienen un impacto directo en la eficiencia. Un soldador competente ajustará parámetros como el posicionamiento del soplete, la longitud del arco y la velocidad de avance para optimizar el uso del alambre y mejorar la calidad del resultado final.

⊃ **Tecnología y automatización.** En aplicaciones industriales a gran escala, donde se busca una alta repetibilidad y consistencia, la utilización de equipos automatizados y sistemas de control avanzados puede elevar significativamente la eficiencia del proceso de soldadura. Tareas que requieren precisión y repetitividad pueden beneficiarse de robots que cumplan al pie de la letra los programas establecidos, manteniendo controlados todos los parámetros.

Para lograr un balance óptimo entre velocidad de deposición y eficiencia, es crucial realizar pruebas iniciales con diferentes combinaciones de parámetros operativos. Estas pruebas ayudan a determinar condiciones ideales para el proceso, ajustando las variables que impactan en la deposición y eficiencia.

Es importante documentar claramente las condiciones de operación para permitir una expansión futura del proceso sin sacrificar calidad o comprometer la seguridad. Además, el monitoreo continuo del proceso a través de ensayos no destructivos y pruebas destructivas selectivas puede ayudar en la identificación temprana de desviaciones y en la implementación de procedimientos correctivos.

Una cultura de mejora continua y capacitación constante asegura que los soldadores estén al tanto de las mejores prácticas y avances tecnológicos, maximizando así tanto la velocidad de deposición como la eficiencia en los procesos de soldadura con alambre tubular. Esto no solo mejorará el rendimiento técnico del proceso, sino que también contribuirá al éxito operativo y a reducir costes dentro del panorama competitivo actual.

 TAREA 1

El taller de Manuel está preparando la certificación de un procedimiento de soldadura con hilo tubular en acero al carbono. El espesor de la probeta de soldadura es de 3 mm.

a. ¿Por qué tipo de transferencia metálica se debe optar?
b. ¿Cuáles serían unos valores orientativos del voltaje con el que se debería soldar?
c. En caso de que la soldadura se realice con gas de protección, ¿cuál debería elegir?
d. Si conoces la longitud de la probeta y el tiempo que tarda en soldarse, ¿qué parámetro serías capaz de definir?

2.9. Valores de referencia de los parámetros de soldadura

Los distintos fabricantes de hilos de soldadura tubular ofrecen tablas en las que se incluyen los valores de referencia de algunos de los parámetros de soldadura que se han expuesto anteriormente. A partir de estos valores, las industrias correspondientes realizarán las correspondientes pruebas y ensayos que se incluirán en el WPQR, para certificar su procedimiento de soldadura (WPS) en las distintas posiciones de soldadura y elementos (chapas o tubos).

A continuación, se exponen los valores de referencia de algunos de los parámetros de soldadura vistos anteriormente para la soldadura de chapas de acero al carbono con hilo tubular de 1,2 mm de diámetro en las posiciones PA y PF, tal y como se mostraría en un WPS de un procedimiento de soldadura homologado. Como se puede apreciar en la tabla, la primera pasada se realiza con unos parámetros y el resto de las pasadas de la unión con otros. Estos parámetros son orientativos, válidos para un taller metalúrgico concreto con unas condiciones concretas. En todo caso, siempre se hace necesario realizar todas las pruebas y ensayos necesarios que garanticen la calidad y seguridad en la realización de la soldadura correspondiente.

 **EJEMPLO**

Parámetros de soldadura para POSICIÓN PA

Válido para unión a tope, unión a penetración completa con respaldo metálico, cerámico o material base, soldadura por uno o dos lados, unión a cuello, unión a penetración parcial.

Gas de protección: 85 % Ar-15 % CO_2
Caudal del gas: 14-18 l/min
Ancho máximo del cordón: 12 mm

Pasada	Espesor material base (mm)	Amperaje (A)	Voltaje (V)	Velocidad de alimentación (m/min)	Velocidad de avance (mm/min)	Modo de transferencia eléctrica
1ª	10-40	170-220	20-26	3,20-3,70	220-270	Cortocircuito
Siguientes		215-265	26-32	4,10-4,70	340-390	*Spray*

Parámetros de soldadura para POSICIÓN PF (vertical ascendente)

Válido para unión a tope, unión a penetración completa con respaldo metálico, cerámico o material base, soldadura por uno o dos lados, unión a cuello, unión a penetración parcial.

Gas de protección: 85 % Ar-15 % CO_2
Caudal del gas: 14-18 l/min
Ancho máximo del cordón: 12 mm

Pasada	Espesor material base (mm)	Amperaje (A)	Voltaje (V)	Velocidad de alimentación (m/min)	Velocidad de avance (mm/min)	Modo de transferencia eléctrica
1ª	10-40	148-182	20-26	1,70-2,10	160-200	Cortocircuito
Siguientes		215-264	23-29	3,30-3,90	185-225	*Spray*

 **APLICACIÓN PRÁCTICA**

Manuel está trabajando con un procedimiento de soldadura certificado para chapas de acero al carbono en posición PF (vertical ascendente), con un alambre tubular de 1,2 mm. Ha realizado varias pruebas con distintos parámetros y está teniendo problemas con falta de penetración en la primera pasada y un cordón con forma irregular en las siguientes pasadas:

Datos proporcionados:

- **Gas protector: 85 % Ar-15 % CO_2**
- **Amperaje actual: 150 A**
- **Voltaje de arco: 18 V**
- **Velocidad de alimentación: 1,5 m/min**
- **Velocidad de desplazamiento: 120 mm/min**

Analiza los valores que ha utilizado Manuel y responde:

- **¿Cómo podría corregir la falta de penetración en la primera pasada?**
- **¿Qué ajustes debe hacer en el resto de pasadas?**

Solución

- El amperaje y voltaje están algo bajos para la posición PF. En la primea pasada debe aumentar el amperaje a 160-180 A y ajustar el voltaje entre 20-22 V. La velocidad de alimentación también es baja, lo que afecta la tasa de deposición. Debe incrementarse a 1,7-2,1 m/min para mejorar la fusión. El método de transferencia debería ser cortocircuito, para asegurar buena penetración inicial.
- En las siguientes pasadas el método de transferencia debe ser *spray*, para mejorar la calidad del cordón y la deposición. El amperaje debe ser ajustado a 215-264 A, el voltaje a 23-29 y la velocidad de alimentación a 3,30-3,90 m/min.

3. Inclinación y dirección de avance de la pistola

 **HILO CONDUCTOR**

La evolución de Manuel en la empresa está siendo bastante positiva. Su experiencia con otros procedimientos de soldadura hace que el manejo de la pistola sea fácil para él, aunque está descubriendo la gran importancia de la inclinación y dirección del avance de la pistola en la calidad de la soldadura.

En el proceso de soldadura con alambre tubular, la inclinación y la dirección de avance de la pistola son factores determinantes que influyen significativamente en la calidad y la eficacia de la soldadura. Una comprensión precisa de cómo manejar adecuadamente estos aspectos puede garantizar un rendimiento óptimo del proceso y aumentar la eficiencia del operador.

NOTA

La función principal de la pistola de soldadura es conducir el electrodo consumible, permitiendo que el hilo se desplace a una velocidad constante y previamente ajustada. Además, desde la antorcha se activa el flujo de gas protector, encargado de resguardar el arco eléctrico durante la soldadura.

En su interior, cuenta con diversos conductos protegidos por una tubería de plástico o goma. Todos estos componentes, junto con la manguera, se conectan al equipo de soldadura mediante un sistema de cierre rápido y seguro.

Pistola de soldadura

Continúa en página siguiente >>

<< Viene de página anterior

Manguera de soldadura

3.1. Ángulo de la pistola

Es fundamental que la velocidad de desplazamiento sea lo suficientemente rápida para mantener el arco adelantado con respecto al baño de fusión. Si esta velocidad es demasiado baja, el arco tenderá a situarse en el centro o en la parte posterior del baño, lo que puede provocar la inclusión de escoria en el cordón de soldadura.

En el proceso de soldadura FCAW, la fuerza del arco no solo define la forma del cordón de soldadura, sino que también evita que la escoria se desplace hacia adelante del metal fundido y quede atrapada en la unión, especialmente en soldaduras de bisel y filete realizadas en posición plana, donde la gravedad influye en el movimiento de la escoria. Para prevenir este problema, el electrodo se debe inclinar con respecto a la vertical, apuntando hacia la soldadura. Este ángulo de inclinación, conocido como ángulo de desplazamiento o arrastre, se mide tomando como referencia una línea vertical en el plano del eje de la soldadura.

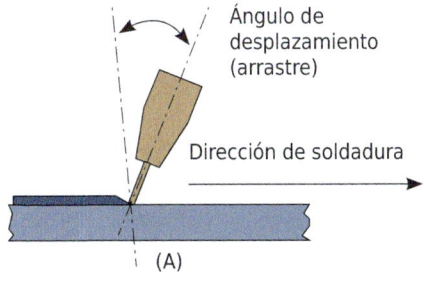

Esquema gráfico del ángulo de desplazamiento o arrastre

La magnitud del ángulo de arrastre en soldadura FCAW varía según el método empleado (con autoprotección o con gas protector), el espesor del metal base y la dirección de avance de la pistola que veremos posteriormente.

Al realizar soldaduras de filete en posición horizontal, el baño de fusión tiende a expandirse tanto en la dirección de avance como perpendicularmente. Para contrarrestar este efecto, el electrodo debe orientarse hacia la chapa inferior, cerca de la esquina de la unión. Además del ángulo de arrastre, es necesario aplicar un ángulo de trabajo de 40 a 50° con respecto al elemento vertical para lograr una correcta fusión y estabilidad del cordón.

 **DEFINICIÓN**

Ángulo de trabajo
Es el ángulo formado entre la pistola de soldadura y la superficie o superficies de la pieza de trabajo. Se determina tomando como referencia la línea del eje del electrodo en relación con la superficie del material a soldar.

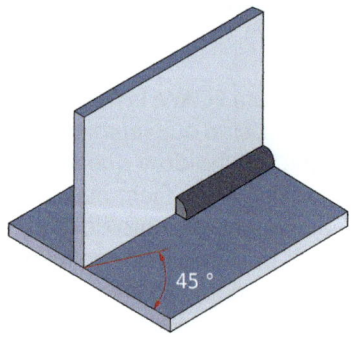

Esquema de ángulo de trabajo

3.2. Dirección de avance de la pistola

La dirección de avance refiere a si el operador está aplicando la técnica de empuje o de arrastre durante la soldadura. La elección entre estas dos técnicas afecta profundamente la apariencia y las propiedades mecánicas del cordón de soldadura:

○ **Soldadura de derechas o avance con empuje.** Cuando la punta del electrodo se orienta en la misma dirección que el desplazamiento realizado durante la soldadura.

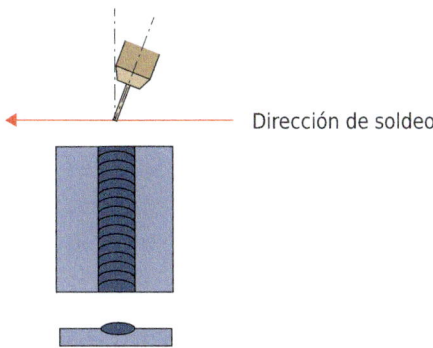

Dirección de soldeo

Técnica de soldadura de derechas

○ **Soldadura de revés o avance con arrastre.** Cuando la punta del electrodo se orienta en la dirección opuesta al desplazamiento realizado durante la soldadura.

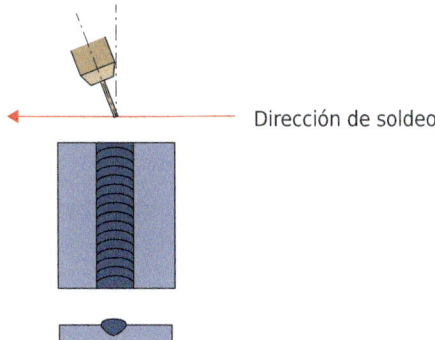

Dirección de soldeo

Técnica de soldadura de revés

Cuando es posible elegir entre soldar de derechas o de revés, hay que tener en cuenta que esta decisión influye en la penetración y la forma del cordón. Avanzar con la pistola hacia adelante reduce la penetración y genera un cordón más ancho y plano, mientras que soldar en dirección contraria (hacia atrás) incrementa la penetración y produce un cordón más estrecho y redondeado.

En posiciones plana y horizontal, este ángulo suele situarse entre 20 y 45°, aunque en materiales más delgados se utilizan ángulos mayores para

[43]

evitar perforaciones. Por el contrario, cuando el espesor del material es mayor, se recomienda reducir el ángulo de arrastre para favorecer una mayor penetración.

Para soldaduras en posición vertical ascendente, el ángulo de arrastre debe mantenerse entre 5 y 10°. En el caso de la soldadura con protección gaseosa, este ángulo debe ser menor, normalmente entre 2 y 15°, sin exceder los 25°, ya que un ángulo excesivo comprometería la eficacia del gas protector.

3.3. Técnicas recomendadas de inclinación y dirección de la pistola

La inclinación correcta de la pistola de soldar es un factor crucial en la obtención de soldaduras de calidad cuando se trabaja con alambre tubular. El control de la inclinación afecta varios aspectos del proceso, incluyendo la profundidad de penetración, la estabilidad del arco, la formación del cordón y la cantidad de escoria generada. Una inclinación inapropiada puede conducir a defectos significativos en la soldadura, como esporádicos poros o inclusiones de escoria. Por tanto, conocer y aplicar las técnicas recomendadas de inclinación es esencial para cualquier soldador que desee maximizar su eficiencia y eficacia en el trabajo.

A continuación, se proponen valores orientativos de inclinación y dirección de la pistola. Independientemente de lo que se expone, las circunstancias individuales de los trabajos que se realicen influirán sobre el ángulo y dirección de la pistola más idóneos:

◌ Recomendaciones de inclinación y dirección de la pistola por posición de soldadura:

 ◯ **Posición plana (1G).** En una soldadura en posición plana, la inclinación recomendada es generalmente de 5° a 15° hacia adelante (empuje), para mejorar la apariencia del cordón y aumentar la visibilidad. **Beneficios:** menor riesgo de defectos superficiales y una buena cubierta de escoria.
 ◯ **Posición horizontal (2G).** Al soldar en posición horizontal, se recomienda una inclinación de 10° a 15° hacia arriba (empuje o arrastre), para prevenir que el metal de soldadura y la escoria caigan. **Beneficios:** control adecuado del baño de soldadura, evitando que fluya hacia abajo.
 ◯ **Posición vertical ascendente (3G).** Para el movimiento vertical ascendente, se utiliza generalmente una inclinación hacia adelante de 0° a 5°. Aquí, la técnica de arrastre ayuda a maximizar la penetración.

Beneficios: una mayor penetración y menor riesgo de inclusiones de escoria.

🜨 **Posición vertical descendente (3G).** En una orientación descendente, se sugiere una inclinación extrema hacia adelante entre 15° y 45°, lo que restringe el movimiento del metal fundido.
Beneficios: permite un seguimiento más controlado de la soldadura y evita que el baño de soldadura corra.

🜨 **Posición de techo (4G).** Cuando se suelda en posición de techo, una inclinación leve de 0° a 10° hacia adelante es aceptable; ayuda a controlar la fluidez del baño de soldadura para prevenir goteo.
Beneficios: evita el exceso de goteo del metal líquido garantizando un cordón conciso.

➲ Recomendaciones de inclinación y dirección de la pistola por metal base:

🜨 **Acero al carbono:** para el acero al carbono, especialmente en grosores mayores, se recomienda usar la técnica de arrastre acompañada de una ligera inclinación hacia adelante para asegurar penetración completa y evitar agrietamientos.

🜨 **Acero inoxidable:** aquí la técnica de empuje, junto con una ligera inclinación frontal, es la preferida para proteger el baño de soldadura de la oxidación rápida, dada la naturaleza química del acero inoxidable.

🜨 **Aleaciones de aluminio:** el aluminio tiende a requerir una inclinación menos pronunciada con técnica de empuje, de 0° a 5° hacia adelante, para prevenir quemaduras y mejorar la estética de los cordones.

➲ Factores que influyen en la inclinación de la pistola:

🜨 **Velocidad de avance:** ajustar la inclinación permite al soldador manejar velocidades de avance variables sin comprometer la calidad de la soldadura. Un ángulo de inclinación menor ofrece mayor control para soldaduras de avance rápido.

🜨 **Dominancia de mano:** los soldadores diestros o zurdos pueden necesitar ajustar los ángulos de inclinación para garantizar una vista sin obstrucciones del baño de soldadura.

🜨 **Viento y corrientes de aire:** en entornos al aire libre o con ventilación forzada, ajustar la inclinación perpendicularmente al viento garantiza un blindaje de gas efectivo.

🜨 **Estado del equipo:** herramientas sin mantenimiento pueden afectar la angulación de la soldadura, lo cual se puede evitar con inspecciones regulares y mantenimiento preventivo.

APLICACIÓN PRÁCTICA

Manuel está realizando soldaduras en posición horizontal (2G) con un alambre tubular de 1,2 mm en acero al carbono. Tras varias pruebas, ha detectado que la escoria queda atrapada en el cordón de soldadura, lo que genera defectos en la unión. Además, el cordón resultante presenta una forma irregular con falta de fusión en los bordes.

Datos proporcionados:

- **Gas protector: 75 % Ar-25 % CO_2**
- **Ángulo de arrastre utilizado: 20°**
- **Ángulo de trabajo: 30° respecto a la pieza vertical**
- **Velocidad de desplazamiento: 250 mm/min**
- **Corriente aplicada: 180 A**
- **Voltaje: 23 V**

Analiza la situación y responde:

1. **¿Es adecuado el ángulo de arrastre empleado? ¿Cómo podría ajustarlo para evitar la inclusión de escoria?**
2. **¿Debería modificar el ángulo de trabajo para mejorar la fusión en los bordes del cordón? Explica por qué.**

Solución (Posible solución):

1. El ángulo de arrastre de 20° puede ser excesivo en la posición horizontal (2G), ya que favorece la acumulación de escoria delante del baño de fusión y su inclusión en el cordón.
   Para evitar este problema, se recomienda reducir el ángulo de arrastre a 10-15°, permitiendo que la escoria fluya correctamente detrás del baño de fusión.
2. Sí, el ángulo de trabajo actual de 30° respecto a la pieza vertical es bajo y puede estar limitando la penetración en la unión.
   Para mejorar la fusión en los bordes, se recomienda aumentarlo a 40-50°, ya que esto orientará mejor el electrodo hacia la intersección de las piezas, asegurando una distribución uniforme del metal de aporte.

3.4. Influencia de la inclinación en la calidad y seguridad de la soldadura

La importancia de un ángulo adecuado en la soldadura no puede ser subestimada. En la soldadura con alambre tubular, el ángulo de soldadura es un factor determinante que afecta directamente la calidad, fuerza y apariencia del cordón de soldadura. La elección correcta del ángulo no solo asegura que el material de aporte se fusione adecuadamente con las piezas a unir, sino que también minimiza defectos comunes como la porosidad, las inclusiones de escoria y las salpicaduras.

Mantener un ángulo adecuado es también una cuestión de seguridad. Un ángulo incorrecto puede producir un charco de soldadura incontrolable o provocar el desgaste rápido del material del alambre. Ambos escenarios pueden resultar en la proyección de partículas calientes, un riesgo significativo no solo para la calidad del trabajo terminado, sino también para la seguridad del operador.

El control adecuado del ángulo también reduce el humo y las emanaciones, un beneficio directo para la salud del soldador, especialmente en ambientes confinados donde la ventilación podría ser un problema. Desviaciones significativas en el ángulo pueden incrementar la producción de humo, exponiendo al operador a niveles altos de contaminantes en el aire.

Por tanto, es necesario que en la industria se desarrollen competencias en el manejo de la inclinación de la pistola. Para desarrollar y mejorar las habilidades y la consistencia en el manejo de la inclinación de la pistola a la hora de soldar se propone:

- **Práctica constante:** la práctica diligente con diferentes configuraciones de ángulos sobre varias posiciones es esencial para adquirir experiencia. Se recomienda entrenar con ejercicios que simulen casi todas las situaciones del mundo real.
- **Dispositivos de medición:** utilizar herramientas como goniómetros para evaluar el ángulo ayuda a soldadores menos experimentados a identificar y ajustar su técnica adecuadamente.
- **Observación y análisis:** realizar controles regulares en el resultado de sus soldaduras para entender cómo diferentes ángulos impactan la calidad del cordón.
- ***Feedback* de un experto:** la supervisión por parte de un soldador experimentado ayuda a corregir errores y a adquirir buenas prácticas.
- **Documentación y ajuste de parámetros:** llevar un registro de los ángulos utilizados en diferentes proyectos facilita el ajuste de parámetros en futuras operaciones de soldadura.

 **TAREA 2**

El equipo de formación del taller de Manuel ha desarrollado un manual de buenas prácticas sobre la inclinación y dirección de la pistola en la soldadura con alambre tubular.

Aquí tienes un extracto:

1. En todas las posiciones de soldadura, se debe utilizar siempre un ángulo de inclinación de 20° a 30° hacia adelante para asegurar una penetración uniforme.
2. En la posición vertical ascendente (3G), se recomienda inclinar la pistola hacia adelante con un ángulo de 20°-25° para lograr una mejor fusión del material.
3. En la soldadura de filete en posición horizontal (2F), no es necesario ajustar el ángulo de trabajo, ya que la gravedad no influye en la distribución del baño de fusión.
4. Cuando se suelda en la posición de techo (4G), se recomienda un ángulo de arrastre de 15° a 20°, permitiendo que el metal fluya de manera controlada.

a. Identifica los errores en el extracto del manual y explica por qué las afirmaciones son incorrectas.
b. Corrige cada afirmación proporcionando los valores y técnicas adecuadas según las mejores prácticas en soldadura FCAW.

----

4. Distancia pieza-pistola

 HILO CONDUCTOR

El Departamento de Calidad de la empresa de Manuel ha detectado que en los últimos trabajos ha habido algunas incidencias en la calidad de la soldadura. Tras revisar el trabajo de los operarios de soldadura, se ha detectado que la distancia de la pistola de soldadura a la pieza en algunos casos no es la correcta. Por tanto, se hace necesario un entrenamiento del equipo de soldeo para evitar futuros problemas.

La distancia pieza-pistola es uno de los factores esenciales en el proceso de soldadura con alambre tubular. La razón por la cual esta distancia debe ajustarse según el tipo de alambre tubular es garantizar una fusión eficiente del alambre.

Cada tipo de hilo tubular ha sido diseñado por el fabricante para operar con una extensión del electrodo determinada. Este término se definió en apartados anteriores.

RECUERDA

La extensión del electrodo es la distancia entre la punta del alambre tubular y la boquilla de contacto de la pistola de soldadura.

La distancia de la pieza a la pistola sería la suma de la extensión del electrodo y la longitud del arco. El mejor momento de medir y parametrizar esta distancia sería el momento en que se está preparando el equipo de trabajo, antes de encender el arco.

ACTIVIDAD COMPLEMENTARIA

8. Localiza en internet un fabricante de alambre tubular para soldar con protección de gas e indica los valores de extensión del electrodo que recomienda.

4.1. Influencia en el proceso de soldeo

Esta distancia va a afectar a una serie de factores clave en el proceso de soldadura, tales como:

◗ **Estabilidad del arco.** La distancia incorrecta puede llevar a una inestabilidad del arco. Un arco inestable causará fluctuaciones en la temperatura y, como consecuencia, es probable que el cordón de soldadura sea inconsistente.

◔ **Penetración.** La penetración se refiere a cuánto penetra el metal fundido en la unión y es crucial para la resistencia de la soldadura. Una distancia demasiado corta puede resultar en una penetración excesiva, creando el riesgo de perforar la pieza de trabajo. Por el contrario, una distancia demasiado larga puede provocar una penetración insuficiente, llevando a una unión débil que puede fallar bajo carga.

◔ **Tasa de deposición del metal.** La distancia de trabajo afecta directamente la cantidad de material de aporte que se deposite por unidad de tiempo. Una distancia adecuada maximiza la deposición eficiente.

◔ **Consumo de material y gas de protección.** Al controlar la distancia óptima, se puede reducir el consumo de alambre y gas protector, optimizando los recursos y disminuyendo costes operativos.

◔ **Tamaño y forma del cordón.** El control de la distancia pieza-pistola afecta el tamaño y la forma del cordón de soldadura. Una distancia adecuada permite un cordón uniforme y simétrico. Un espacio excesivo puede llevar a un cordón estrecho y alto con una penetración deficiente, mientras que una distancia insuficiente puede generar un cordón demasiado ancho y plano con el riesgo de incluir porosidad.

◔ **Control de salpicaduras.** La cantidad de salpicaduras de metal también está influenciada por la distancia pieza-pistola. Una distancia inapropiada puede aumentar el número de salpicaduras, lo que no solo afecta la estética de la soldadura, sino que, además, puede provocar proyecciones que comprometen áreas circundantes de la pieza o quemaduras al operador. Mantener la distancia adecuada minimiza las salpicaduras, optimizando el consumo de material y reduciendo la necesidad de trabajos de limpieza posteriores.

◔ **Efecto en la microestructura.** Los cambios en la distancia de trabajo no solo afectan la apariencia y calidad externa de la soldadura, sino que también impactan en la microestructura del metal de soldadura y la zona afectada por calor (ZAC). La correcta distancia de trabajo favorece la formación deseada de fases en la ZAC, evitando microestructuras frágiles que podrían comprometer la integridad del ensamble soldado.

Efecto de las salpicaduras que provocan proyecciones en el cordón de soldadura

4.2. Variables que influyen en la distancia pieza-pistola

La distancia puede verse afectada por una serie de variables que incluyen la posición de soldadura, la velocidad de avance y el tipo de alambre utilizado. A continuación, se aborda cómo cada una de estas variables afecta en la elección de la distancia óptima pieza-pistola:

● **Posición de soldadura.** La posición de la soldadura (horizontal, vertical, sobrecabeza, etc.) influye en la manera en que el soldador debe ajustar la distancia. Por ejemplo, en posiciones de sobrecabeza, puede ser necesario reducir la distancia pieza-pistola para garantizar la estabilidad del arco y prevenir un goteo excesivo.

● **Velocidad de avance.** La velocidad con la que se mueve la pistola de soldadura a lo largo de la junta también es fundamental. Una velocidad de avance más alta puede requerir una reducción en la distancia para garantizar que el metal de aporte se deposite correctamente y con suficiente penetración.

● **Tipo de alambre.** Los distintos tipos de alambre y sus composiciones afectarán también la elección de la distancia entre pieza y pistola. Alambres más gruesos, como los diseñados para aplicaciones de alta penetración, podrían requerir distancias ligeramente mayores para permitir el arco más sólido y con mayor capacidad térmica que necesitan para funcionar correctamente.

● **Humedad y contaminantes ambientales.** La presencia de humedad, aceite o contaminantes en la pieza de trabajo puede afectar la formación del arco. Mientras minimizamos estos inconvenientes, es importante mantener una distancia constante entre la pieza y la pistola.

La posición de soldadura influirá en la distancia entre la pistola y la pieza.

4.3. Estrategias para ajustar y evaluar la distancia correcta

Para asegurar que la distancia pieza-pistola sea la adecuada en todo momento, los soldadores experimentados pueden aplicar algunas estrategias y controles durante el proceso:

- **Evaluación visual.** Calibrar la distancia puede empezar por una simple evaluación visual. A medida que se progresa en la soldadura, el soldador puede verificar el tamaño del baño de fusión y ajustar la distancia según sea necesario para mantener la forma deseada del cordón.
- **Ajustes graduales.** Realizar ajustes graduales en la distancia es fundamental. Esto no solo ayuda a mantener la estabilidad del proceso, sino que también facilita que el soldador comprenda los efectos de sus ajustes en tiempo real, permitiendo una mejor toma de decisiones inmediata.
- **Pruebas preliminares.** Antes de comenzar una soldadura importante es aconsejable realizar pruebas preliminares en una muestra o sección de la misma pieza de trabajo. Esto permite al soldador encontrar la distancia óptima que dará los mejores resultados para las condiciones específicas de su tarea.
- **Consideración de la variabilidad del proceso.** Mantener la flexibilidad y adaptarse a las variaciones inevitables en el proceso. Entender que algunas variaciones de la distancia pueden ser necesarias en ciertos tramos de la soldadura, debido a aspectos como el desplazamiento de la pieza o el desgaste de consumibles, que demandan ajustes en tiempo real.

La soldadura con alambre tubular se ha consolidado como un proceso destacado debido a su versatilidad y eficiencia. La determinación de la distancia óptima entre la boquilla de la pistola y la pieza de trabajo es crucial para asegurar la calidad del cordón de soldadura, el control de la penetración y la reducción de defectos como las inclusiones o porosidades.

La determinación de la distancia óptima es aplicada en múltiples contextos industriales, desde la fabricación de estructuras de acero hasta la reparación de componentes esenciales en maquinaria pesada. Esto demuestra la universalidad y la importancia de comprender este aspecto del proceso de soldadura con alambre tubular.

4.4. Efectos de soldar con una distancia pieza-pistola incorrecta

El proceso de soldadura con alambre tubular es una técnica ampliamente utilizada en las industrias de fabricación y construcción debido a su eficiencia y capacidad para producir soldaduras de alta calidad en una variedad de posiciones y condiciones. Sin embargo, el éxito de la soldadura depende, en gran medida, de la correcta configuración y operación de los parámetros de soldadura, incluyendo la distancia correcta; un factor esencial que fue expuesto anteriormente. En esta ocasión, profundizaremos en las implicaciones y los efectos adversos de mantener una distancia incorrecta durante el proceso de soldeo.

 **RECUERDA**

La distancia de contacto, también conocida como la distancia de escoria, es la separación entre la punta del alambre de soldadura y el baño de fusión en la pieza de trabajo. Esta distancia debe ser precisa y se ajusta según el tipo de alambre tubular y los parámetros especificados por el fabricante del alambre. El alambre tubular, a diferencia del alambre sólido, contiene una composición interna que facilita la formación de la soldadura y genera gas protector, lo que lo hace más exigente en términos de especificaciones operativas. Controlar este parámetro es crucial para la formación de cordones de soldadura óptimos.

Cuando la distancia de contacto es demasiado extensa, el alambre se calienta excesivamente antes de llegar al baño de fusión. Este sobrecalentamiento prematuro impacta negativamente en varios aspectos de la soldadura:

Penetración inadecuada	- Una distancia mayor provoca una caída en la temperatura del baño de soldadura debido a la disipación de calor. Como resultado, se produce una penetración insuficiente, dejando las uniones superficiales y disminuyendo la resistencia de la soldadura.
Problemas de fusión	- La mala distribución del calor puede llevar a una fusión parcial de la base, lo que resulta en soldaduras frías o agrietamiento por falta de fusión. Esto compromete la integridad estructural, especialmente en aplicaciones críticas donde se requieren uniones robustas.

Continúa en página siguiente >>

<< Viene de página anterior

Aumento del consumo de alambre	- La distancia incorrecta puede hacer que el alambre se desalinee o se gaste inútilmente, aumentando los costes operativos y la ineficiencia del proceso.
Defectos superficiales	- Una distancia excesiva genera altos niveles de escoria y porosidades. Estas imperfecciones crean discontinuidades visibles y debilitan el acabado de la soldadura.

En contraste, una distancia de contacto insuficiente también presenta una serie de complicaciones:

Proyección excesiva de alambre	- Una distancia demasiado corta puede resultar en una falta de control sobre la proyección del alambre, lo cual puede causar acumulación de material de forma no uniforme y formación de apilamiento en el material de soldadura.
Reducción de la eficiencia del gas protector	- La proximidad extrema entre el alambre y la soldadura interfiere con el flujo uniforme del gas de protección, provocando oxidación y contaminación del baño de soldadura. Esto puede añadir inclusiones a la soldadura, afectando a su calidad y durabilidad.
Mayor desgaste del consumible	- Estar demasiado cerca también genera un sobrecalentamiento del consumible, reduciendo su vida útil y provocando más paradas de producción para el reemplazo de piezas.

La desviación de la distancia de contacto no solo afecta la integridad y calidad de la soldadura, sino que también repercute en la eficiencia del proceso y la productividad. Los retrasos debidos a soldaduras defectuosas deben corregirse, aumentando los costes de producción y el tiempo de inactividad. Además, los productos finales pueden no cumplir con las especificaciones de calidad requeridas por normas industriales, lo que implica posibles sanciones, reprocesos y pérdida de contratos.

Por tanto, en las industrias es muy importante la búsqueda de estrategias para mitigar los efectos del uso de una distancia incorrecta a la hora de soldar. Entre ellas destacan:

Capacitación adecuada	- Es fundamental que los operadores de soldadura estén capacitados adecuadamente sobre la importancia de mantener la distancia de contacto correcta y que se les dote de las herramientas adecuadas para medir y ajustar estas distancias.
Mantenimiento regular del equipo	- Asegurar que las guías de alambre, boquillas y otros componentes relevantes estén en condiciones óptimas para operar dentro de las tolerancias deseadas.
Monitoreo y ajuste continuo	- Usar tecnología avanzada para monitorear y ajustar la distancia de forma dinámica durante la operación de soldadura puede minimizar la posibilidad de errores.
Control de parámetros del proceso	- Validar regularmente los parámetros del proceso de soldadura y ajustar conforme sea necesario para evitar desviaciones que puedan llevar a la distancia incorrecta.

5. Técnicas de soldeo

 HILO CONDUCTOR

Manuel continúa creciendo profesionalmente. Su evolución está siendo muy positiva. Sus soldaduras cada vez tienen menos fallos y en el nuevo trabajo que va a realizar va a combinar la realización de soldaduras con hilo tubular autoprotegido y protección con gas.

5.1. Aspectos clave en la técnica del soldeo con alambre tubular

Independientemente de si el proceso de soldadura con hilo tubular se realiza con o sin gas protector, las técnicas empleadas en la soldadura por arco eléctrico siguen principios similares. Para ello, es importante tener en cuenta una serie de aspectos, entre los que se incluyen la regulación de los parámetros de soldadura que se vieron anteriormente:

1. **Preparación del área de trabajo.** Antes de comenzar cualquier operación de soldeo, es esencial una adecuada preparación del área de trabajo. Esta debe estar limpia, y libre de contaminantes como aceite, grasa, óxido y otros residuos que puedan comprometer la calidad de la soldadura. El área debe estar bien ventilada para manejar los humos generados durante el soldeo. Además, es esencial garantizar que el sustrato esté adecuadamente soportado y estabilizado para evitar deformaciones y asegurar la precisión del soldeo.

2. **Selección del equipo de soldeo.** Uno de los pasos más cruciales en el proceso de soldeo es la selección del equipo adecuado. El soldador debe seleccionar una máquina que sea compatible con el alambre tubular y que tenga la capacidad de ofrecer el amperaje y voltaje requeridos para el trabajo. Las máquinas de soldar MIG/MAG son comúnmente utilizadas para el soldeo con alambre tubular. Es indispensable que el soldador también asegure que el sistema de alimentación de alambre funcione sin trabas para evitar interrupciones durante la soldadura.

3. **Elección del alambre tubular.** La elección del alambre tubular es esencial para el resultado final del soldeo. Existen diferentes tipos de alambre tubular, y cada uno está diseñado para un propósito específico. Los alambres tubulares autoprotegidos no requieren un gas de protección externo, ya que el núcleo del alambre contiene elementos que producen un escudo gaseoso durante el soldeo. Por otro lado, los alambres tubulares con gas necesitan gas protector externo, como dióxido de carbono o mezclas específicas, para prevenir la oxidación del metal fundido. La elección dependerá de las especificaciones del proyecto, el entorno de trabajo y las propiedades deseadas en la unión final.

4. **Técnica de manipulación de la pistola.** La técnica de manipulación de la pistola afectará significativamente la calidad de la soldadura. La posición y el ángulo de la pistola afectarán directamente en la penetración, forma y resistencia de la unión soldada, tal y como se ha visto en apartados anteriores.

5. **Control de la extensión del electrodo.** La extensión del electrodo, es decir, la longitud del alambre que sobresale del soplete antes del contacto con el baño de fusión, es un factor crucial para la eficiencia del soldeo. Esta distancia debe mantenerse constante para asegurar un suministro estable de alambre y un flujo continuo de energía al arco de soldadura. Tal y como vimos anteriormente, una distancia inadecuada

puede resultar en un arco inestable, lo que afecta negativamente la calidad del cordón de soldadura.

6. **Velocidad de avance y ritmo de deposición.** La velocidad a la que el soldador hace avanzar el soplete afecta tanto a la calidad como a la apariencia del cordón de soldadura. Debe encontrarse un equilibrio donde la velocidad de avance permita la fusión adecuada de las piezas y uniones, garantizando así la integridad de la soldadura.

7. **Velocidad de avance y ritmo de deposición.** El soldeo con alambre tubular permite trabajar en múltiples posiciones, lo que es uno de sus mayores beneficios en aplicaciones industriales. Las posiciones de soldeo más comunes son las planas, horizontales, verticales y en techo. Cada posición tiene sus desafíos específicos y requiere técnicas particulares para asegurar un buen resultado. Por ejemplo, en la posición vertical, es crucial mantener un control más preciso del baño de fusión para evitar que la gravedad cause el colapso de la soldadura. En la posición de techo, se requiere un control excepcional del calor y del aporte de metal para evitar que la soldadura gotee.

8. **Tratamiento y enfriamiento postsoldadura.** El tratamiento posterior al soldeo es un paso imprescindible en el proceso, ya que ayuda a asegurar la máxima integridad y propiedades de la soldadura final. El enfriamiento controlado permite evitar tensiones residuales y deformaciones no deseadas. Dependiendo del material, puede requerirse un tratamiento térmico adicional para la relajación de tensiones o el endurecimiento de la soldadura. Además, es importante llevar a cabo una limpieza adecuada de la costura y el área circundante para eliminar escoria, residuos o partículas de soldadura.

9. **Seguridad en el soldeo con alambre tubular.** La seguridad debe ser siempre una prioridad en cualquier proceso de soldeo. Los soldadores deben estar equipados con EPP adecuados, incluidos guantes, chaquetas resistentes a las llamas, cascos con protección para soldadura y protección respiratoria si es necesario. Protegerse de los gases y humos generados durante el soldeo es esencial, así como garantizar que el área de trabajo esté despejada de riesgos potenciales. Además, se debe tener cuidado con la manipulación de las estufas de precalentamiento y otros equipos, para evitar el riesgo de quemaduras o daños.

Los aspectos a tener en cuenta en la técnica de soldeo son independientes del tipo de soldadura empleada (MIG/MAG, FCAW, entre otros). En el caso del proceso FCAW, la diferencia clave radica en el uso de un gas de protección externo o la aplicación de electrodos autoprotegidos, lo que determina las condiciones de trabajo y la calidad final del cordón de soldadura.

ACTIVIDAD COMPLEMENTARIA

9. Amplía la información acerca de los tratamientos térmicos postsoldadura. ¿Puedes encontrar una estructura o partes de una estructura emblemática cuyas soldaduras hayan tenido algún tratamiento de alguno de estos tipos?

- -

5.2. Soldadura con gas de protección

Cuando se emplea un gas protector, se genera una barrera gaseosa que resguarda el arco eléctrico, evitando la contaminación del baño de fusión por gases atmosféricos indeseados. Este flujo externo de gas, generalmente compuesto por una mezcla de diferentes gases, puede utilizarse en combinación con la autoprotección de los electrodos tubulares.

Esta doble protección mejora la estabilidad del arco y crea un ambiente más limpio, reduciendo defectos en la soldadura y asegurando una mejor calidad en el cordón.

La tipología del gas a emplear por metal base se expuso en apartados anteriores. Independientemente de ello, para posiciones de soldadura complicadas, como la vertical o sobre cabeza, se suele usar un gas que proporcione mejor control del baño de fusión.

Además de las recomendaciones, en muchos proyectos existen instrucciones y especificaciones que definen el tipo de gas de protección a utilizar y sus requisitos mínimos; estos serán acordes a las propiedades mecánicas requeridas y a las condiciones operativas.

La presión y fluidez del gas, junto con su pureza, son factores determinantes para la efectividad del gas de protección. Es crucial garantizar que el flujo de gas sea constante y suficiente, sin turbulencias que puedan reintroducir aire en la zona de soldadura. La pureza del gas, especialmente en el caso de gases inertes, debe ser alta para evitar impurezas que puedan interferir con el proceso de soldadura.

Es importante calibrar el flujo del gas en función de la boquilla de protección utilizada y de las condiciones del entorno de trabajo. Un flujo excesivo puede provocar turbulencias, mientras que un flujo insuficiente puede dejar el baño expuesto a la atmósfera.

A modo de resumen, se indican los gases recomendados para realizar la soldadura en tres metales base diferentes: acero al carbono, acero inoxidable y aluminio:

Acero al carbono
- CO_2 puro: excelente para soldaduras rápidas y económicas, produce buena penetración aunque requiere experiencia para minimizar salpicaduras.
- Mezcla de 75 % Ar-25 % CO_2: ofrece una mezcla óptima para lograr un equilibrio entre calidad del cordón y coste, mejorando la apariencia frente al CO_2 puro.

Acero inoxidable
- Ar con pequeñas adiciones de O_2 o H_2: mejora la fluidez del baño y la apariencia superficial.
- Mezcla de de Helio-Ar-CO_2: suelen utilizarse para aumentar la energía térmica aplicada, beneficiando la soldadura en espesores mayores.

Aluminio
- Ar puro: recomendado para la mayoría de aplicaciones en aluminio debido a su inercia química y capacidad para producir soldaduras limpias.
- Mejora la penetración y es efectivo en soldaduras con necesidad de transferencia térmica elevada.

Con la evolución de las tecnologías de soldadura, han surgido nuevas mezclas y técnicas que optimizan el uso de gases de protección. La investigación continua busca mejorar la eficiencia del proceso, reduciendo costes y mejorando la calidad de las soldaduras. Nuevas formulaciones optimizan la transferencia de calor, reduciendo la formación de defectos y mejorando aún más las aplicaciones específicas en la industria.

Es vital seguir estrictas medidas de seguridad al manejar gases de protección. Estos gases deben almacenarse en cilindros adecuadamente etiquetados y mantener su manipulación dentro de las directrices establecidas para evitar riesgos de asfixia, explosión o intoxicación. La ventilación en el área de trabajo es esencial para reducir peligros relacionados con la acumulación de gases en espacios confinados.

Como conclusión, el uso adecuado de un gas de protección no solo favorece la calidad de la soldadura, sino que su selección y su correcto manejo marcan una diferencia significativa en la eficiencia del proceso. Comprender los principios básicos y las aplicaciones prácticas de cada tipo de gas permite a los soldadores profesionales mejorar continuamente su praxis, garantizando resultados superiores en cualquier tarea soldadora.

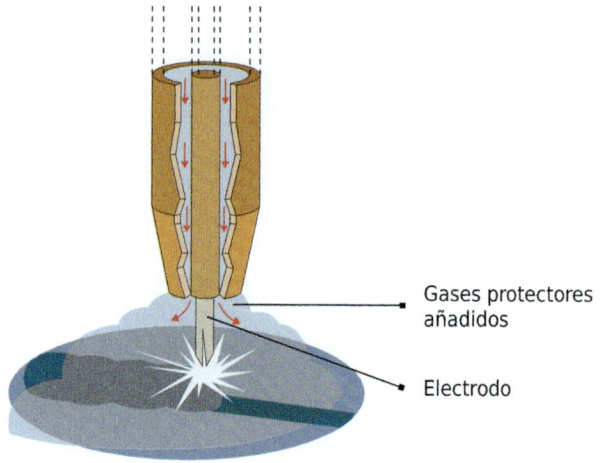

Gases protectores
añadidos

Electrodo

FCAW con protección externa

NOTA

Para la regulación del flujo o caudal de gas, las botellas están equipadas con un manorreductor y un caudalímetro analógico. Esto permite adaptar el caudal de gas a la soldadura correspondiente.

Caudalímetro con manorreducto

TAREA 3

Manuel está revisando con el encargado el pedido de gases de protección que se está realizando para las estructuras que se están fabricando:

Estructura	Tipo de metal base	Gas de protección
Depósito	Acero al carbono	Argón 100 %
Puente	Acero inoxidable	CO_2 puro
Barandilla	Aluminio	Mezcla de 80 % CO_2-20 % O_2

- Identifica los errores en la selección de gases.
- Sustituye los gases incorrectos por los adecuados para cada tipo de metal base, asegurando que sean los recomendados para una soldadura óptima.
- Justifica los cambios realizados, explicando por qué el gas corregido es más adecuado que el original.

- -

5.3. Soldadura con hilo autoprotegido

La soldadura con alambre tubular sin gas de protección, comúnmente conocida como FCAW-SS *(flux cored arc welding - self-shielded)*, es una técnica ampliamente utilizada en la industria debido a su versatilidad y eficiencia. Este método de soldeo no requiere un suministro externo de gas protector, lo que lo hace altamente adaptable a diferentes entornos y condiciones.

Durante el proceso, la funda metálica del electrodo se funde, y los compuestos químicos presentes en el núcleo reaccionan con el calor del arco, generando una barrera gaseosa que protege la soldadura.

Estos electrodos contienen en su núcleo elementos desoxidantes y desnitrificantes, como el aluminio y el titanio, que reducen los efectos negativos del oxígeno y el nitrógeno en la soldadura. De esta manera, se mejora la calidad del cordón y se minimizan defectos asociados a la presencia de gases no deseados en la zona de fusión.

El proceso de FCAW-SS es idóneo para trabajos al aire libre o lugares con corrientes de aire, donde el uso de gases de protección puede ser complicado o ineficaz. Además, tiene la capacidad de penetrar profundamente en metales gruesos, lo que lo convierte en una opción ideal para aplicaciones en construcciones de acero estructural, reparación y mantenimiento, y en la industria naval y ferroviaria.

El proceso FCAW-SS presenta una serie de ventajas:

Ventajas

- Flexibilidad en el entorno de trabajo
  - Debido a que no se depende del gas externo, el proceso es menos vulnerable a las condiciones ambientales, tales como viento o temperaturas extremas, lo que lo hace adecuado para aplicaciones al aire libre.
- Portabilidad y transporte
  - Al eliminar la necesidad de cilindros de gas, el equipo es más ligero y fácil de mover, lo cual facilita las operaciones en sitios remotos o de difícil acceso.
- Costes reducidos
  - No se incursiona en costes asociados al gas de protección, lo cual tiene una repercusión positiva en la rentabilidad del trabajo. Aunque el alambre tubular puede ser más caro que los alambres sólidos, los ahorros en gas y requerimientos adicionales generalmente compensan esta variación.
- Alto ritmo de producción
  - La tasa de deposición es relativamente alta, lo que permite realizar soldaduras voluminosas de forma eficiente.
- Penetración y adhesión
  - Gracias a su capacidad de penetrar metales gruesos y ofrecer una buena adhesión, es ideal para trabajos donde se requiere robustez estructural.

Sus inconvenientes son:

Inconvenientes ✗

- Más humos y residuos
  - Al soltar el fundente incorporado, se generan más humos y escoria, lo que puede implicar una preocupación de salud ocupacional y la necesidad de un equipo de seguridad adecuado.
- Calidad del acabado
  - La escoria más prominente y la potencial porosidad pueden requerir limpieza y trabajo adicional, especialmente en aplicaciones donde se busca un acabado superior.
- Requisitos de habilidad
  - La técnica FCAW-SS puede exigir habilidades más amplias del operador, debido a factores como el cuidado en la configuración del equipo y el control del flujo de alambre.
- No apto para todos los materiales
  - Mientras que es excelente en aceros, no es adecuado para todos los metales y aleaciones.

Aunque la soldadura FCAW-SS elimina la necesidad de bombonas de gas y, por ende, minimiza ciertos residuos y emisiones primarias, la cantidad de humos potencialmente peligrosos que genera debe ser controlada. Se recomienda utilizar sistemas de ventilación adecuados y equipos de protección personal para garantizar la seguridad en el entorno de trabajo.

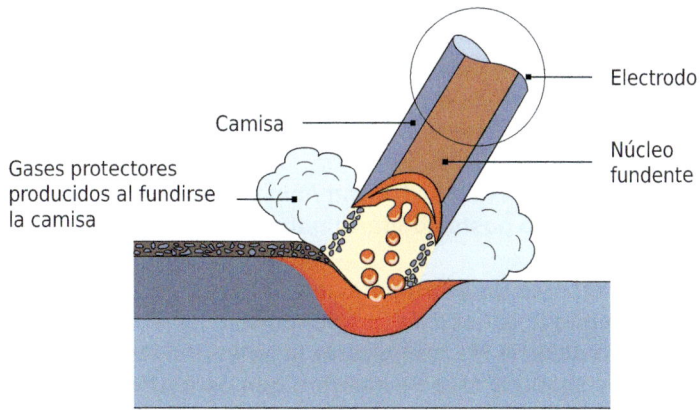

Ejemplo de soldadura FCAW con autoprotección

APLICACIÓN PRÁCTICA

Manuel ha avanzado significativamente en su formación en soldadura con alambre tubular y ahora se enfrenta a un nuevo reto en el taller. Le han asignado la fabricación de una estructura metálica en la que deberá combinar soldadura con hilo tubular autoprotegido y con gas de protección.

Después de realizar las primeras soldaduras, su supervisor ha identificado los siguientes inconvenientes:

- Algunas soldaduras presentan defectos como porosidad y falta de fusión en la unión.
- El cordón de soldadura en ciertos tramos es irregular y con una apariencia inconsistente.
- En la soldadura con gas de protección se nota una acumulación excesiva de material y una escoria difícil de remover.

Para corregir estos problemas, Manuel debe revisar todas las variables técnicas de soldeo y proponer mejoras en el proceso.

Datos de la configuración actual:

- Preparación del área de trabajo: superficies limpiadas con cepillo de alambre, pero sin desengrasar
- Equipo de soldeo: fuente MIG/MAG con configuración estándar
- Alambre tubular autoprotegido: diámetro 1,6 mm
- Alambre tubular con gas de protección: diámetro 1,2 mm
- Técnica de manipulación de la pistola: ángulo de 5° de empuje en todas las posiciones
- Extensión del electrodo: 5 mm
- Velocidad de avance: 400 mm/min en todas las posiciones
- Enfriamiento postsoldadura: natural sin tratamiento térmico

a. ¿Qué errores en la preparación del área de trabajo podrían estar afectando la calidad de la soldadura?
b. ¿Cómo debería Manuel ajustar la selección del equipo y los consumibles según el tipo de alambre que está utilizando?
c. ¿Por qué la técnica de manipulación de la pistola no es la misma para todas las posiciones de soldadura? ¿Cómo debería ajustarse?

Continúa en página siguiente >>

<< Viene de página anterior

d. ¿Qué correcciones se pueden hacer en la extensión del electrodo para mejorar la estabilidad del arco y la penetración?

e. Si se observa acumulación de material en la soldadura con gas, ¿qué ajustes debería hacer en la velocidad de avance?

Solución (Posible solución)

a. Corrección en la preparación del área de trabajo: asegurar una limpieza completa de la superficie, incluyendo la eliminación de grasa con disolventes adecuados.

b. Selección del equipo y consumibles: verificar que el equipo esté calibrado según las necesidades del alambre autoprotegido y con gas; y ajustar los parámetros de voltaje y amperaje en función del alambre utilizado.

c. Ajuste en la técnica de manipulación de la pistola: no usar el mismo ángulo en todas las posiciones. Hay que adaptarse a las recomendaciones de ángulo por posición.

d. Corrección en la extensión del electrodo: 5 mm es demasiado corto. Es necesario aumentar la extensión del electrodo a 15-30 mm para mejorar la estabilidad del arco.

e. Ajuste en la velocidad de avance: reducir la velocidad a 300 mm/min en la soldadura con gas para evitar acumulación de material.

---

6. Limpieza de escorias

☞ HILO CONDUCTOR

Manuel observa que la retirada de la escoria es algo importante para garantizar la calidad del cordón de soldadura resultante. Por ello, siempre está equipado con las herramientas necesarias para llevar a cabo dicha tarea.

La soldadura con alambre tubular ha ganado popularidad en diversas industrias debido a su versatilidad y eficiencia. Sin embargo, uno de los desafíos comunes durante este proceso es la formación de escoria, una capa residual que se genera durante la soldadura. La escoria actúa como un protector temporal para el metal soldado, contribuyendo a un enfriamiento controlado y limitando la oxidación. A pesar de sus ventajas, es esencial eliminarla adecuadamente para garantizar la calidad del cordón de soldadura.

 SABÍAS QUE...

La escoria se forma como un subproducto inevitable durante la fusión de los materiales en el proceso de soldadura con alambre tubular. Está compuesta por óxidos, silicatos y otras impurezas que fluyen hacia la superficie del cordón de soldadura. Su formación y características dependen de varios factores, incluyendo el tipo de alambre y los materiales base utilizados. Por ejemplo, los alambres tubulares que contienen alto contenido de aleación o ciertos elementos formadores de escoria, como el titanio y el aluminio, tienden a generar una escoria más espesa y robusta.

Capa de escoria procedente de la soldadura

Aunque inicialmente desempeña un papel protector, la escoria necesita ser eliminada para evaluar la integridad del cordón de soldadura. La presencia residual de escoria puede ocultar defectos como porosidades, grietas o inclusiones que comprometen la calidad del trabajo. Además, en casos donde se requiere aplicar múltiples capas de soldadura, o para dar un acabado liso y estético, la eliminación de escoria es crucial para permitir una adecuada adherencia y evitar defectos en las capas subsecuentes.

La limpieza de la escoria generalmente involucra procedimientos manuales y, en algunos casos, la ayuda de máquinas rotativas.

 **DEFINICIÓN**

Limpieza manual
Uso de herramientas no automatizadas y el esfuerzo humano para eliminar residuos de escoria.

Las herramientas manuales de limpieza en soldadura con alambre tubular incluyen una variedad de dispositivos diseñados para abordar diferentes tipos de contaminantes y superficies. Entre las herramientas más comunes se encuentran:

- **Martillo de escoria:** es la herramienta básica y más común para la eliminación de escoria. El martillo tiene puntas afiladas que permiten fracturar y desalojar la capa de escoria de la soldadura. Este método es ideal para soldaduras en situaciones de campo donde otras herramientas pueden no estar disponibles.
- **Cepillos de alambre:** utilizados generalmente después del martillo de escoria, los cepillos de alambre remueven el polvo residual y pequeños fragmentos que el martillo no puede desalojar. Estos cepillos son esenciales para dejar una superficie limpia, especialmente antes de proceder con una inspección visual o la colocación de un nuevo cordón. Los cepillos de alambre también vienen en configuraciones de cerdas de acero inoxidable y latón para evitar la contaminación cruzada cuando se trabaja con metales no ferrosos.
- **Raspadores:** el raspador es una herramienta que se utiliza para eliminar la escoria más gruesa y adherida a las superficies soldadas. Está diseñado para penetrar debajo de la escoria y retirarla sin dañar el metal base. Raspadores especializados pueden tener puntas intercambiables y cabezales ajustables para adaptarse a diferentes trabajos.
- **Limas:** estos instrumentos son ideales para suavizar bordes ásperos y eliminar pequeñas imperfecciones después del uso de otros métodos de limpieza.
- **Papel de lija y almohadillas abrasivas:** sirven para eliminar pequeñas partículas y pulir la superficie. Son adecuadas para acabados finales donde se necesita una textura superficial más fina antes y después del soldeo.

Cepillo de alambre

Entre las herramientas eléctricas usadas para la retirada de las escorias encontramos:

🡆 **Esmeriladoras angulares:** equipadas con discos apropiados, las esmeriladoras angulares son efectivas para eliminar rápida y eficientemente grandes cantidades de escoria, especialmente en superficies de soldadura extensas y planas. Sin embargo, se requiere habilidad para evitar dañar la superficie del metal base.
🡆 **Pulidoras y lijadoras orbitales:** estas herramientas ofrecen una limpieza controlada y son ideales cuando se busca un acabado más pulido y uniforme. Son particularmente útiles en trabajos donde el acabado final es vital, como en tuberías de alto rendimiento o estructuras metálicas a la vista.

IMPORTANTE

La seguridad es de suma importancia al realizar la limpieza manual, ya que el uso de herramientas manuales puede suponer ciertos riesgos si no se manejan correctamente. Por ello, es fundamental realizar un control de:

• Equipo de protección individual (EPI): siempre debe usarse equipo de protección, que incluya guantes resistentes al corte, gafas de seguridad y posiblemente una máscara para el polvo, especialmente cuando se trabaja con metales que producen partículas finas cuando son lijados o cepillados.
• Calidad del aire: trabajar en un área bien ventilada o incluso en exterior es ideal para reducir la exposición al polvo y partículas suspendidas en el aire.

Continúa en página siguiente >>

<< Viene de página anterior

- Manejo de herramientas: es importante asegurarse de que todas las herramientas estén en buen estado y adecuadamente afiladas para evitar el exceso de esfuerzo por parte del operario.

 **APLICACIÓN PRÁCTICA**

Manuel, junto a otros compañeros, ha sido designado como asistente de apoyo en un importante proyecto de soldadura en el taller. Su tarea principal consiste en eliminar las escorias de los cordones de soldadura, ya que los soldadores deben enfocarse en la producción, sin interrupciones.

El trabajo es urgente, ya que la estructura debe estar lista para su entrega antes del martes. En medio de la presión por cumplir con los plazos, su supervisor ha olvidado proporcionarle el equipo de protección individual (EPI) necesario para realizar la tarea de manera segura.

Antes de comenzar, Manuel decide ir al almacén a solicitar el equipo de protección adecuado. ¿Qué elementos debe pedir para protegerse durante la eliminación de escoria? ¿Con esos elementos bastaría para garantizar la seguridad en dicha tarea?

Solución

Manuel deberá solicitar como mínimo unos guantes resistentes al corte, gafas de seguridad y posiblemente una máscara para el polvo. Además, deberá comprobar que la zona se encuentra debidamente ventilada y que las herramientas con las que se va a llevar a cabo la retirada de la escoria están en buen estado.

7. Generación de humos. Métodos de extracción para su disminución

 HILO CONDUCTOR

Manuel lleva relativamente poco tiempo soldando con alambre tubular; sin embargo, la generación de humos es algo común a muchos procedimientos de soldadura que él conocía. Es consciente del riesgo inherente de los humos de soldadura, por lo que, de forma previa a la realización de las soldaduras, revisa cuidadosamente la zona de trabajo y los EPI suyos y de sus compañeros soldadores.

- -

La soldadura con alambre tubular es un proceso muy eficiente y ampliamente utilizado en la industria debido a su alta tasa de deposición y a la capacidad de soldar en todas las posiciones. Sin embargo, al igual que otros procesos de soldadura, la soldadura con alambre tubular genera humo, un subproducto inevitable que puede tener implicaciones significativas para la salud y la seguridad de los operadores, así como para el entorno laboral en general.

El uso de un electrodo consumible, junto con las características del proceso de soldadura, puede liberar una cantidad significativa de impurezas en forma de partículas y gases. Además, si el metal base ha sido sometido a tratamientos superficiales, como galvanizado o zincado, la cantidad de contaminantes liberados se incrementará, lo que debe ser considerado para garantizar la seguridad laboral.

NOTA

La instalación de sistemas de filtración y extracción de aire mejora considerablemente la calidad del ambiente en el área de trabajo y reduce los riesgos de enfermedades respiratorias en los operarios expuestos a los vapores de soldadura.

- -

Los humos y gases generados en el proceso son el resultado de la evaporación y oxidación de diversas sustancias sometidas a temperaturas elevadas debido al arco eléctrico. Estos humos están compuestos por partículas extremadamente pequeñas, como óxidos de hierro, cromo, níquel y fluoruros, que pueden penetrar en las vías respiratorias y llegar hasta los pulmones.

NOTA

La cantidad de humos generados en la soldadura manual con electrodo revestido (SMAW) es similar a la producida en los procesos MIG/MAG. Sin embargo, bajo condiciones adecuadas, los procesos MIG/MAG pueden emitir menores niveles de contaminantes en comparación con la soldadura SMAW.

7.1. Componentes principales del humo de soldadura

Los humos que se generan en la soldadura proceden de:

➲ **Óxidos metálicos:** durante el proceso de soldadura, los metales se vaporizarán formando óxidos. Por ejemplo, la soldadura de acero al carbono genera principalmente óxidos de hierro, mientras que el acero inoxidable puede producir óxidos de cromo y níquel, ambos con implicaciones distintas para la salud.
➲ **Gases:** los gases como el monóxido de carbono y el dióxido de carbono se generan principalmente a través de las reacciones térmicas del agente fundente con la atmósfera circundante. El ozono, aunque no es directamente producido por la reacción de la soldadura, se forma cuando las radiaciones ultravioleta interactúan con el oxígeno del aire.

7.2. Factores que afectan en la generación del humo

Varios factores determinan la cantidad y la composición del humo generado durante la soldadura con alambre tubular:

➲ **Tipo de alambre tubular:** existen alambres tubulares autoprotegidos y aquellos que requieren gas de protección. La química del núcleo e incluso el tipo de recubrimiento externo del hilo influyen en la cantidad y tipo de humo que se generará.

⊃ **Parámetros de soldadura:** la corriente y el voltaje tienen un impacto directo en la cantidad de calor aplicada al material de base y, por tanto, en la forma en que se producirán los vapores. Estos parámetros deben ser optimizados para minimizar el humo sin comprometer la calidad de la soldadura.

⊃ **Material de base y su preparación:** los recubrimientos en el material de base, como pinturas, aceites o galvanizados, pueden producir humos nocivos cuando se queman.

7.3. Impacto del humo de soldadura en la salud

Los humos generados por la fusión del metal base o del material de aporte en aceros inoxidables y aleados contienen sustancias que pueden representar graves riesgos para la salud.

En particular, los óxidos de cromo requieren especial atención, ya que su exposición puede provocar trastornos digestivos como vómitos, diarrea y dolor abdominal, además de insuficiencia hepática, daño renal y hemorragias intestinales. Aún más peligroso es el cromo hexavalente, una sustancia altamente tóxica que incrementa el riesgo de cáncer de pulmón.

Asimismo, el níquel presente en estos humos puede ser responsable del desarrollo de cáncer en las vías respiratorias, así como de afecciones como rinitis, sinusitis y dermatitis.

Otro elemento que considerar es el manganeso, presente en algunos tipos de acero, el cual puede generar alteraciones en el sistema nervioso central y problemas respiratorios si la exposición es prolongada.

Durante la soldadura de aleaciones de aluminio y acero inoxidable, la radiación del arco eléctrico genera ozono, óxidos de nitrógeno, monóxido de carbono (CO) y dióxido de carbono (CO_2), sustancias que pueden afectar la salud del operador.

Los recubrimientos y tratamientos aplicados sobre las piezas antes de la soldadura también pueden liberar sustancias peligrosas. Entre ellas, destacan:

⊃ Óxidos de cromo y zinc, que pueden provocar conjuntivitis, rinitis y dermatitis.

⊃ Óxidos de plomo, asociados con enfermedades renales, hipertensión, alteraciones neurológicas y anemia.

⮫ Óxidos de cadmio, conocidos por su alta toxicidad y su relación con cáncer de pulmón y próstata, enfisema pulmonar, bronquitis, rinitis y perforación del tabique nasal.

Una de las afecciones más frecuentes en los soldadores es la conocida como fiebre del soldador, una dolencia cuyos síntomas son muy similares a los de la gripe, lo que hace que muchos trabajadores la hayan padecido sin reconocer su origen.

Esta condición se produce por la inhalación de humos de soldadura que contienen concentraciones elevadas de zinc (Zn), cadmio (Cd), magnesio (Mg) o cobre (Cu). La exposición a estos elementos puede desencadenar una serie de síntomas iniciales, como tos, sequedad en la boca, mal sabor, dolor de cabeza y náuseas.

Aproximadamente 12 h después de la exposición, los síntomas pueden intensificarse, manifestándose en forma de fiebre alta, escalofríos, fatiga extrema, somnolencia y, en algunos casos, diarrea y aumento en la frecuencia urinaria.

Por lo general, esta afección tiene una duración de entre 24 y 48 h y no deja secuelas cuando la exposición ha sido ocasional. Sin embargo, en casos de exposición prolongada, puede derivar en afecciones respiratorias más graves, como irritación pulmonar, edema e incluso la muerte, especialmente cuando la intoxicación es por cadmio (Cd).

Para proteger la salud de los soldadores, es fundamental mantener la concentración de estas sustancias en el aire por debajo de los niveles considerados seguros. Estos valores límites ambientales (VLA), definidos mediante estudios científicos en normativa vigente, establecen los límites de exposición para que los trabajadores puedan desempeñar su labor sin riesgos a largo plazo.

 ## ACTIVIDAD COMPLEMENTARIA

10. Investiga en la web del Instituto Nacional de Seguridad y Salud en el trabajo y localiza el documento en el que se establecen los VLA de las diferentes sustancias que se generan en el humo de soldadura.

Continúa en página siguiente >>

<< Viene de página anterior

https://redirectoronline.com/uf30020101

7.4. Métodos de extracción de los humos para su reducción

A continuación, se presentan diferentes estrategias para la extracción de humos en la soldadura con alambre tubular, resaltando las ventajas y consideraciones de cada una:

1. **Extracción localizada.** La extracción localizada se considera una de las prácticas más efectivas para capturar humos de soldadura. Este método emplea campanas o extractores colocados directamente sobre el área de soldadura, lo que permite capturar los humos al instante de ser generados.
   Sus ventajas son:

   - Ofrece alta eficacia en la captura de humos.
   - Minimiza la dispersión de contaminantes.
   - Mejora la calidad del aire alrededor del punto de soldadura.

   Sus desventajas son las siguientes:

   - Requiere ajustes precisos para que el captador esté correctamente colocado.
   - Puede ser inconveniente en lugares de trabajo confinados o cuando se trabaja en piezas grandes.

2. **Sistemas de ventilación general.** Estos sistemas trabajan para renovar el aire de todo el espacio de trabajo, diluyendo los contaminantes producidos durante la soldadura. Habitualmente, se integran en la estructura del edificio.
   Sus ventajas son:

   - Provisión de un flujo de aire constante y fresco
   - Mejoría de las condiciones generales de trabajo en el taller

◑ Costes de instalación relativamente bajos en comparación con sistemas localizados

Sus desventajas son las siguientes:

◑ Son menos eficaces en la eliminación de humos en comparación con la extracción localizada.
◑ Pueden necesitar asistencia de otros métodos para lograr una disminución adecuada.

3. **Extracción combinada.** Este método implica el uso de extracción localizada junto con sistemas de ventilación general. La combinación de estos enfoques maximiza la captura y eliminación de humos.
   Sus ventajas son:

◑ Máxima reducción de humos
◑ Mejora significativa de la calidad del aire y del ambiente de trabajo

Sus desventajas son las siguientes:

◑ Inversión significativa en infraestructura y mantenimiento

4. **Sistemas portátiles de extracción.** Los extractores portátiles son unidades móviles que pueden ser trasladadas donde sea necesario. Utilizan mangueras flexibles y filtros internos para atrapar humos.
   Sus ventajas son:

◑ Flexibilidad para su uso en diferentes ubicaciones
◑ Versatilidad en trabajos de campo y entornos cambiantes

Sus desventajas son las siguientes:

◑ La capacidad de extracción puede ser limitada comparada con las soluciones fijas.
◑ Necesitan mantenimiento regular para asegurar la eficiencia de filtrado.

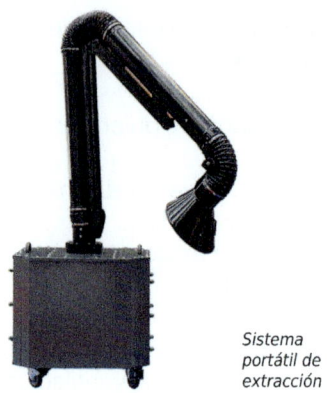

Sistema portátil de extracción

La innovación tecnológica ha presentado soluciones adicionales que promueven la eficacia y facilidad de usar los métodos de extracción. Entre ellas podemos destacar:

Extractores con sensores inteligentes
- Estos sistemas ajustan su funcionamiento en tiempo real basándose en la cantidad de humos detectada.

Sistemas de filtración avanzada
- Incluyen métodos, como la ionización o la filtración electrostática, que eliminan las partículas de forma más eficiente.

Automatización y control remoto
- Permiten manejar el sistema de extracción desde paneles de control o aplicaciones móviles.

7.5. Implementación de métodos de extracción

Para implementar de manera efectiva los métodos de extracción de humos de soldadura, se deben considerar varios factores:

- **Evaluación del espacio de trabajo:** se debe tener en cuenta la disposición del taller, la cantidad de soldadores y la naturaleza del trabajo realizado.
- **Cumplimiento normativo:** es importante asegurarse de seguir las normativas de seguridad y salud ocupacional, garantizando que los sistemas de extracción cumplen con la normativa vigente.

⇨ **Mantenimiento regular:** se trata de mantener los sistemas de extracción y filtración en óptimo estado con un programa de mantenimiento que incluya la limpieza y reemplazo de componentes como filtros y conductos.

El mantenimiento y limpieza de los sistemas de extracción hace que estos realicen correctamente su función.

7.6. Control de riesgos procedentes de los humos de soldadura

Aunque los métodos de extracción disminuyen la presencia de humos, el riesgo que generan para la salud no desaparece totalmente. Existen una serie de medidas preventivas que hay que tener en cuenta. Entre ellas destacamos:

⇨ Mantener la cabeza alejada de la soldadura, colocándola a un lado en lugar de directamente sobre el área de trabajo, para evitar la inhalación directa de humos, donde la concentración de contaminantes es más alta.
⇨ Evitar acercar demasiado las vías respiratorias al baño de fusión durante la soldadura. Para ello, es recomendable realizar revisiones periódicas de la vista que permitan mantener una distancia segura sin comprometer la precisión del trabajo.
⇨ Ajustar correctamente la intensidad de corriente y el caudal del gas protector, evitando configuraciones excesivas que puedan generar más humos y residuos innecesarios.
⇨ Asegurar que los sistemas de extracción móvil estén correctamente posicionados y ubicados a una distancia óptima para capturar los humos sin interferir en el proceso de soldadura.
⇨ Nunca ubicarse entre la pieza de trabajo y el sistema de extracción, ya que esto impediría la correcta evacuación de los humos y aumentaría la exposición del soldador a los contaminantes.

○ Usar de manera adecuada los equipos de protección individual (EPI) y, cuando sea necesario, emplear pantallas con suministro de aire filtrado para mejorar la protección respiratoria.

○ Conocer las características y especificaciones de las mascarillas y filtros para equipos de respiración portátil, eligiendo el modelo más adecuado según el tipo de contaminantes presentes en el ambiente de trabajo.

 TAREA 4

Manuel está trabajando en el taller junto con otros compañeros en la fabricación de una estructura metálica. Durante la jornada, observa que varios soldadores están cometiendo errores que pueden comprometer la calidad de la soldadura y la seguridad en el área de trabajo.

Su supervisor le ha pedido que identifique estas malas prácticas y proponga soluciones para corregirlas.

Observaciones en el taller:

a. Un soldador está realizando soldaduras con la cabeza justo encima del baño de fusión.
b. Un operario menciona que siente molestias en la garganta y los ojos después de varias horas de trabajo, aunque considera que es algo normal y no usa ningún equipo de protección adicional.
c. En una de las estaciones de trabajo, el sistema de extracción de humos está encendido, pero parece no estar funcionando de manera eficiente, ya que el ambiente sigue cargado.
d. Uno de los soldadores ha colocado su cuerpo entre la pieza de trabajo y el sistema de extracción.

Identifica los errores cometidos en cada una de las situaciones descritas y propón soluciones concretas para mejorar la seguridad y la reducción de humos en el taller.

8. Aplicación práctica de soldeo de chapas de acero al carbono con alambre tubular

☞ HILO CONDUCTOR

En el próximo mes, el taller de Manuel comenzará un importante proyecto que implicará gran cantidad de horas de soldadura con acero al carbono con uso frecuente del proceso FCAW. Se prevé la incorporación de bastantes soldadores. Como elemento formativo inicial, el supervisor de taller le pide a Manuel que elabore una guía práctica de soldadura de acero al carbono con hilo tubular, incluyendo todos los pasos a realizar.

Para realizar cualquier soldadura sobre piezas o chapas de distintos materiales, es fundamental seguir una serie de pautas esenciales. A continuación, se van a describir.

8.1. Consideraciones previas

Al soldar cualquier tipo de metal, es imprescindible revisar una serie de aspectos:

- **Superficie de trabajo:** la zona donde se realice la soldadura debe ser de material no conductor, como cemento o mampostería, evitando el uso de superficies metálicas que puedan generar riesgos eléctricos.
- **Prevención de incendios:** es importante retirar o alejar cualquier material inflamable de la zona de soldadura. Además, la ropa de trabajo debe estar libre de aceites o grasas que puedan incendiarse con una chispa.
- **Cables y conexiones:** nunca hay que sobrecargar los cables de alimentación del equipo de soldadura. Es necesario asegurarse de que la iluminación en el área de trabajo sea adecuada y esté en condiciones óptimas.
- **Entorno seguro:** evitar trabajar cerca de zonas húmedas y verificar que la toma de tierra del equipo sea segura. Antes de realizar cualquier ajuste o reparación en la máquina, esta debe estar completamente apagada.
- **Uso correcto del equipo:** seguir las indicaciones del fabricante para el manejo de los controles de la máquina. Tener siempre a mano un extintor, ubicado en un lugar accesible.

⊃ **Protección ocular y visual:** utilizar una pantalla de soldadura con filtro adecuado para proteger los ojos y la cara del operador. También se deben colocar barreras de protección o cortinas de soldadura para evitar que la luz del arco afecte a otras personas cercanas.

8.2. Limpieza de las piezas a soldar

Antes de comenzar el proceso de soldeo, es esencial preparar adecuadamente la superficie que se va a soldar. Este paso asegura no solo una soldadura más fuerte, sino también un acabado más profesional y estéticamente agradable.

Inspección visual
- Antes de proceder con la limpieza, se debe realizar una inspección visual detallada para identificar áreas con acumulación de escoria anterior, óxido o contaminantes. Esta inspección ayuda a determinar qué herramientas serán necesarias y dónde concentrar el esfuerzo de limpieza.

Desengrasado
- Utilizando un producto apropiado, se eliminan aceites y grasas que puedan estar presentes en la superficie. Esto se puede hacer con un paño limpio humedecido en el producto, asegurándose de que el área esté completamente seca antes de proceder a la próxima etapa.

 **IMPORTANTE**

Una mala limpieza puede provocar soldaduras defectuosas con problemas de adherencia y resistencia.

ACTIVIDAD COMPLEMENTARIA

11. Investiga en la red sobre los productos que se recomiendan para la limpieza de las superficies que contienen grasas y aceites antes de proceder a la soldadura.

8.3. Selección de la posición de soldeo

La elección de la posición en la que se va a realizar la soldadura influye en la facilidad del trabajo y en la calidad del cordón.

Se debe determinar si la soldadura será en posición plana, horizontal, vertical o sobre cabeza, ya que cada una requiere técnicas específicas.

Siempre que sea posible, se debe optar por posiciones que permitan mayor estabilidad y precisión. Además, es preciso, siempre que se pueda, buscar la comodidad del operador. Por ello, en algunos casos, girar la pieza puede facilitar la ejecución y evitar posiciones incómodas o difíciles.

IMPORTANTE

La soldadura en posición plana es la más sencilla y rápida de ejecutar, ya que permite una mejor penetración y menor riesgo de defectos. Por tanto, siempre que sea posible adecuar la posición de trabajo para la realización de la soldadura, se buscará soldar en posición plana.

8.4. Tipo de juntas

El tipo de junta a utilizar en un proceso de soldadura está determinado por el diseño del proyecto en el que se esté trabajando, y depende de diversos factores técnicos, estructurales y operativos, que se describen a continuación:

⊃ **Requerimientos mecánicos y estructurales.** Las juntas deben proporcionar la resistencia necesaria para soportar las cargas y esfuerzos

previstos en la estructura o componente. Por ejemplo, en estructuras sometidas a cargas dinámicas o vibraciones, se prefieren juntas con alta
penetración y resistencia.

➲ **Espesor del material base.** En materiales delgados (menores de 5 mm
de espesor) el tipo de junta será diferente a las juntas que se utilizan en
materiales más gruesos.

➲ **Accesibilidad y posición de soldadura.** Dependiendo de si la soldadura se realiza en posición plana, horizontal, vertical o sobre cabeza, se
deben diseñar juntas que faciliten la ejecución del cordón y minimicen
defectos.

➲ **Condiciones de fabricación y montaje.** En algunos casos, las piezas
a unir no pueden moverse fácilmente o deben ser soldadas en campo,
lo que influye en la elección del tipo de junta y el proceso de soldadura
más adecuado.

➲ **Normativas y estándares de calidad.** Dependiendo del sector industrial (estructuras metálicas, calderería, tuberías, etc.), existen normativas
nacionales e internacionales, y especificaciones que regulan el tipo de
junta y los parámetros de soldadura. Normas como la AWS D1.1 (para
acero estructural), la ASME IX (para calderas y tuberías) o la UNE-EN ISO
15614 establecen criterios de aceptación para las juntas soldadas.

A continuación, se exponen los dos tipos principales de juntas, cada una
con variantes según el espesor de los materiales y diseño del proyecto:

1. **Juntas a tope.** Se caracterizan por unir las piezas enfrentando sus bordes. Son utilizadas cuando se requiere una unión uniforme y resistente en
materiales de igual espesor. Podemos encontrar las siguientes variantes:

   ➲ **Junta a tope cerrada.** Se utiliza en materiales delgados, donde no es
   necesario dejar separación entre las piezas.

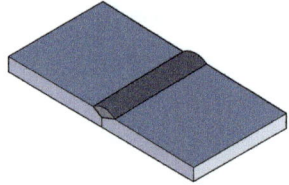

Soldadura a tope cerrada

   ➲ **Junta a tope abierta.** Se deja un pequeño espacio entre las piezas
   para garantizar una mejor penetración, especialmente en materiales
   gruesos.

⟲ **Junta con bisel.** Se mecaniza un chaflán en uno o ambos bordes de las piezas para permitir una mayor fusión y una unión más robusta. Los biseles pueden ser en V, U, X o K, dependiendo del diseño.

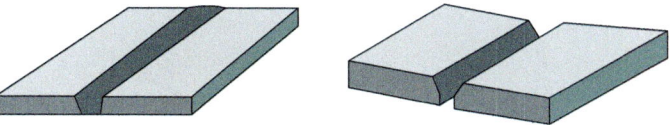

Soldadura a tope abierta (izquierda) y soldadura con bisel en V (derecha)

⟲ **Junta con respaldo.** Se coloca un material de soporte detrás de la junta (cobre, cerámica o metal) para controlar la penetración y evitar defectos en la raíz de la soldadura.

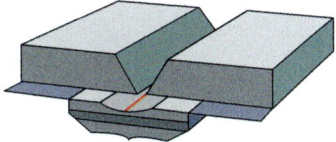

Soldadura con respaldo cerámico

2. **Juntas en ángulo.** En este tipo de unión, las piezas se encuentran en un ángulo de 90° o menor y se sueldan en la intersección de sus bordes. Podemos encontrar las siguientes variantes:

⟲ **Junta en T.** Se unen dos piezas formando una T, lo que permite una distribución uniforme del esfuerzo.

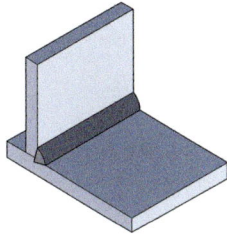

Junta en T

◍ **Junta de esquina.** Se usa para fabricar estructuras con ángulos rectos, como marcos metálicos.

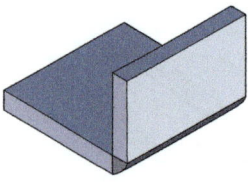

Soldadura en esquina

◍ **Junta de solape.** Una pieza se superpone sobre la otra, permitiendo una mayor área de contacto y reduciendo el riesgo de perforaciones en materiales delgados.

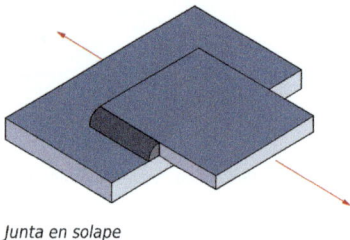

Junta en solape

 ## ACTIVIDAD COMPLEMENTARIA

12. Investiga en la red y amplía información sobre los métodos de realización de los biseles en las chapas de acero al carbono.

 ## APLICACIÓN PRÁCTICA

Dada la buena evolución de Manuel en la empresa, el encargado de taller le ha asignado la función de revisar los planos y el montaje de las piezas de forma previa al comienzo de la soldadura.

Continúa en página siguiente >>

<< Viene de página anterior

Está revisando los planos de un proyecto de fabricación de un tanque de acero estructural y, mientras supervisa el montaje de las piezas, se da cuenta de que uno de los caldereros ha decidido modificar una de las uniones especificadas en el plano. En lugar de una junta a tope con biselado, el calderero ha optado por realizar una soldadura en ángulo, argumentando que es más sencilla de ejecutar y agiliza el trabajo de los soldadores.

¿Qué crees que debe hacer Manuel?

Solución

Los tipos de junta que vienen en el proyecto —y, por tanto, se reflejan en los planos— no se pueden cambiar a menos que un departamento de ingeniería o el responsable técnico del proyecto lo apruebe.

La unión especificada requerirá mayor resistencia y por eso estaba proyectada a tope con bisel. Por tanto, Manuel debe comunicar a los caldederos lo anterior y hacer las modificaciones oportunas para que las soldaduras se realicen de acuerdo a los planos de dicho proyecto.

8.5. Control de la temperatura previa al soldeo

El control de la temperatura previa al soldeo es un factor clave en la calidad de la soldadura, ya que influye directamente en la formación del cordón, la fusión del metal base y la reducción de defecto. Este proceso es particularmente relevante en materiales de alto espesor y en ambientes con bajas temperaturas, donde las diferencias térmicas pueden afectar negativamente la unión soldada.

Para elevar la temperatura del metal base antes de la soldadura, se pueden emplear distintos métodos de precalentamiento:

Lámparas de infrarrojos → - Uso eficiente en piezas de tamaño reducido.

Continúa en página siguiente >>

<< Viene de página anterior

Soplete de gas (propano o acetileno)	- Método común para soldaduras en campo.
Mantas eléctricas	- Controlan la temperatura de manera uniforme en toda la pieza.
Hornos industriales	- Utilizados en piezas de gran espesor o componentes críticos en estructuras y calderería.

La temperatura de precalentamiento se establecerá en el WPS. Para asegurar que el material alcanza la temperatura adecuada antes del soldeo, se utilizan dispositivos de medición como:

➲ Lápices térmicos (indican si la temperatura ha sido alcanzada)
➲ Termómetros láser sin contacto

Para garantizar la calidad de la soldadura, se pueden realizar mediciones de temperatura entre pasadas. Para ello, se podrán utilizar los dispositivos descritos anteriormente.

Precalentamiento mediante soplete

ACTIVIDAD COMPLEMENTARIA

13. Amplía la información sobre métodos recientes y novedosos que se están utilizando o sobre los que se están investigando para el precalentamiento en soldadura.

8.6. Configuración de la máquina de soldar

Ajustar correctamente la máquina es crucial para obtener un cordón de soldadura apropiado:

Selección del alambre
- Se debe elegir el alambre correcto para el tipo de material y grosor que se va a soldar.
- El alambre con núcleos protegidos reduce la necesidad de gases de protección externos.

Configuración de los parámetros eléctricos
- Ajusta la máquina de soldar a la corriente y voltaje adecuados según las especificaciones del fabricante del alambre.

Velocidad del alambre
- Ajusta la velocidad de alimentación del alambre de acuerdo con la regulación del equipo y las recomendaciones del fabricante.
- La velocidad afectará directamente al amperaje.

Gas de protección
- En caso de utilizar un alambre tubular que lo requiera, hay que asegurarse de que el flujo de gas sea el correcto (por ejemplo, gas mezcla de CO_2 y argón).

8.7. Configuración de la máquina de soldar

Aplicar una buena técnica asegura la calidad y resistencia de la soldadura:

- ⊃ **Posicionamiento del electrodo.** El ángulo del electrodo respecto a la pieza debe seguir las recomendaciones que se vieron anteriormente en el manual. Estas dependerán de la posición de soldadura y la dirección de avance.
- ⊃ **Distancia de la tobera al trabajo.** Debe ser constante, y cumplir con las especificaciones del procedimiento de soldadura (WPS), para evitar proyecciones y asegurar una fusión adecuada.
- ⊃ **Velocidad de avance.** Una velocidad constante para evitar cordones defectuosos. Esto implica práctica para armonizar velocidad, corriente y alimentación del alambre.
- ⊃ **Oscilación.** Se aplicará un movimiento de oscilación si es necesario, sobre todo al trabajar con material de grosor significativo, para evitar porosidades.

 ACTIVIDAD COMPLEMENTARIA

14. En ocasiones, se hace necesaria la soldadura de dos metales base diferentes. Investiga sobre los parámetros de soldadura y los consumibles que se deben usar en un caso particular.

8.8. Control de la soldadura

Durante la soldadura, es vital observar y controlar cada aspecto para evitar errores comunes:

Cuidado con las salpicaduras
- Si es necesario, se usará una pasta o *spray antispatter* para proteger las zonas circundantes.

Monitoreo constante
- Se observará el baño de fusión y se ajustará la distancia o velocidad si se detecta alguna irregularidad.

Continúa en página siguiente >>

<< Viene de página anterior

Revisión de defectos
- En caso de que haya, se detectarán, visualmente, defectos como grietas, porosidad o socavados. Estos se repararán durante la realización de la soldadura o una vez acabada.

8.9. Inspección y finalización de la soldadura

La revisión de la soldadura determina si cumple con los estándares requeridos:

- ➲ **Verificación visual.** Se inspeccionará el acabado del cordón de soldadura, buscando uniformidad y sin discontinuidades.
- ➲ **Ensayos destructivos y no destructivos.** Puede ser necesario realizar ensayos adicionales para verificar la resistencia y fiabilidad de las uniones, como ultrasonido o ensayos de tracción.
- ➲ **Limpieza del cordón.** Se debe eliminar la escoria o cualquier residuo usando las herramientas descritas durante la unidad.

 ACTIVIDAD COMPLEMENTARIA

15. Busca en la red e identifica normativas relevantes para la soldadura con alambre tubular en diferentes aplicaciones industriales.

8.10. Consideraciones de seguridad

La soldadura produce calor intenso, luz ultravioleta, humos y gases potencialmente nocivos, y salpicaduras de metal fundido, lo que subraya la necesidad de implementar controles de seguridad rigurosos. La integridad física y la salud a largo plazo de los operarios, así como la integridad de las instalaciones, dependen de la adherencia a prácticas seguras.

El incumplimiento de las normas de seguridad puede resultar en accidentes graves, lesiones, incendios o explosiones.

La seguridad debe ser vista no como un requerimiento opcional, sino como una parte integral de todo proceso de soldadura.

Consideraciones de seguridad: área de trabajo

Antes de comenzar cualquier procedimiento de soldadura, es esencial realizar una evaluación exhaustiva del entorno de trabajo. Esto incluye la identificación de riesgos potenciales, la correcta ventilación del espacio y asegurar la infraestructura adecuada para manejar materiales y equipos involucrados. Por ello, es necesario garantizar:

Inspección del área de trabajo	- La inspección del área de trabajo puede prevenir muchos accidentes. Es importante buscar la presencia de materiales inflamables, y revisar el estado de los equipos eléctricos y la existencia de rutas de escape en caso de emergencia. Es vital que todas las salidas de emergencia estén accesibles en todo momento.
Ventilación adecuada	- La ventilación es esencial para reducir la exposición a humos y gases generados durante la soldadura. En ambientes cerrados, se debe disponer de sistemas de ventilación localizados para extraer los contaminantes de manera eficaz.

Consideraciones de seguridad: equipos de protección individual

Por otro lado, hay que tener en cuenta que el equipo de protección personal es la primera línea de defensa contra posibles peligros en la soldadura con alambre tubular. Su uso adecuado puede prevenir la mayoría de los accidentes y lesiones. Entre los equipos de protección individual destacamos:

Casco de soldadura	- Un casco de soldadura con filtro apropiado para los rayos UV e infrarrojos es esencial. Los cascos autooscurecibles son los preferidos por muchos profesionales, debido a su capacidad de ajustar automáticamente el nivel de sombra.
Guantes y ropa de protección	- Los guantes de soldadura deben ser de cuero o de un material resistente al calor, proporcionando protección contra salpicaduras. La ropa debe ser de materiales no inflamables, como algodón tratado, para prevenir quemaduras por chispas o salpicaduras.
Protección respiratoria	- Dependiendo de los materiales utilizados y el entorno, puede ser necesario el uso de respiradores para proteger al soldador de humos tóxicos.

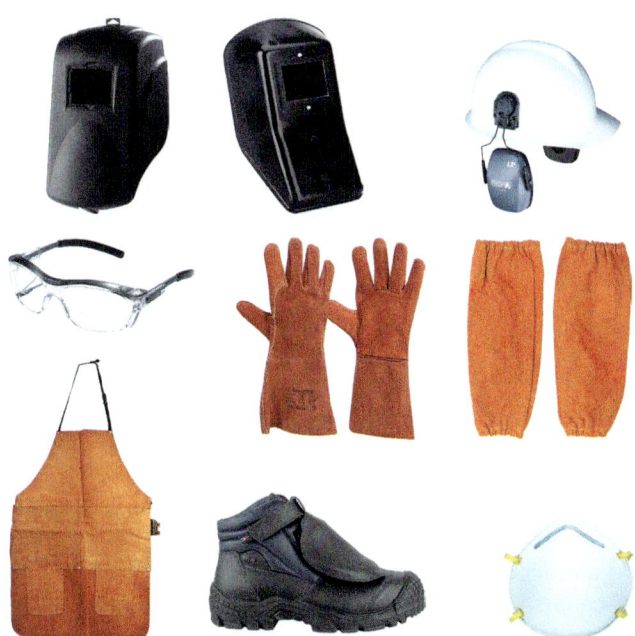

Distintos tipos de EPI específicos para soldeo

ACTIVIDAD COMPLEMENTARIA

16. Investiga en la red y amplía información sobre los diferentes equipos de protección individual usados en la soldadura con hilo tubular. Busca imágenes, distintas tipologías, aplicaciones específicas...

Consideraciones de seguridad: mantenimiento de los equipos de soldadura

Otro aspecto fundamental respecto a las condiciones de seguridad es el mantenimiento de los equipos de soldadura. El mantenimiento regular del equipo de soldadura y el cumplimiento de los procedimientos operativos estándar son aspectos fundamentales para garantizar la seguridad. Por ello, se debe llevar a cabo:

Mantenimiento
- Las unidades de soldadura, cables, conectores y pistolas deben ser revisados y mantenidos regularmente.
- Cualquier componente dañado o desgastado debe ser reemplazado inmediatamente.

Calibración del equipo
- Hay que asegurarse de que el equipo de soldadura esté correctamente calibrado, siguiendo las especificaciones del fabricante.
- Esto no solo garantiza la calidad y consistencia del trabajo, sino que también previene sobrecargas y fallas.

Consideraciones de seguridad: manejo de materiales y consumibles

El manejo adecuado de los materiales y consumibles de soldadura es vital para prevenir situaciones de riesgo. Es muy importante tener en cuenta:

⊃ **Un almacenamiento seguro.** Los rollos de alambre tubular deben almacenarse en lugares secos para evitar la contaminación. Los gases y elementos auxiliares deben tener un almacenamiento seguro y un etiquetado apropiado.

⊃ **Una manipulación adecuada.** Siempre consulte las fichas de datos de seguridad de materiales para manejar correctamente los consumibles. Esto es importante para conocer los riesgos específicos asociados con los materiales involucrados.

 ## ACTIVIDAD COMPLEMENTARIA

17. Busca en la red algún documento de fabricante referente a las medidas de seguridad en el trabajo y manipulación de consumibles de soldadura.

Consideraciones de seguridad: capacitación y concienciación

La capacitación continua y la sensibilización son claves para mantener estándares de seguridad.

Se deben organizar sesiones regulares de capacitación y concienciación sobre seguridad. Esto no solo ayuda a que los operadores adquieran conocimientos sobre las mejores prácticas, sino que también refuerza una cultura de seguridad.

De forma esporádica se llevarán a cabo simulacros de emergencia. Los simulacros regulares de emergencia preparan a los empleados para reaccionar adecuadamente en caso de un evento real. Todo el personal debe estar familiarizado con el procedimiento de evacuación y el uso de equipos de emergencia.

Consideraciones de seguridad: capacitación y concienciación

El respeto por las normativas ambientales sobre la gestión de residuos es una extensión del compromiso de seguridad en la soldadura. Para ello, es preciso tener en cuenta:

Disposición de residuos	- Los residuos generados deben ser clasificados y eliminados según las legislaciones locales y normas internacionales. - El reciclaje de metales y el tratamiento adecuado de desechos peligrosos son aspectos cruciales.
Prevención de contaminación	- Se evitarán derrames de materiales y fugas de gases que puedan contaminar el área de trabajo y el medioambiente. - Los sistemas de contención y monitoreo son herramientas útiles en esta tarea.

9. Resumen

El análisis exhaustivo y la correcta regulación de los parámetros de soldadura con hilo tubular resultan esenciales para lograr uniones de alta calidad, ya que estos factores diferencian un trabajo bien ejecutado de uno deficiente. Ajustar de manera precisa los valores de soldeo, comprender la distancia óptima entre la pistola y la pieza, así como emplear correctamente las distintas direcciones de avance, influye directamente en aspectos cruciales como la penetración del material y la geometría del cordón de soldadura.

Además, la aplicación de tratamientos térmicos antes y después del soldeo es clave para garantizar la resistencia mecánica de ciertas uniones. Asimismo, es imprescindible considerar la emisión de gases durante el proceso de soldadura, dado que su inhalación puede representar un riesgo significativo para la salud del operario.

En definitiva, una soldadura de calidad dependerá de una ejecución profesional y responsable, basada en un conocimiento profundo de los procedimientos operatorios en la soldadura con alambre tubular, que permitirá minimizar los defectos y garantizar la seguridad en el trabajo.

Ejercicios de autoevaluación
Unidad de Aprendizaje 1

1. **¿Qué ocurre si se usa una corriente demasiado alta en la soldadura con alambre tubular?**

   a. Se incrementa la penetración y puede atravesar el material.
   b. Se genera una transferencia globular más estable.
   c. Se obtiene un cordón de soldadura más estrecho y con menor resistencia.
   d. Mejora la estabilidad del arco sin efectos negativos.

2. **¿Cuál de los siguientes factores no influye en la regulación de la corriente de soldadura?**

   a. Tipo de gas protector
   b. Diámetro del alambre
   c. Posición de soldadura
   d. Velocidad del viento en el ambiente de trabajo

3. **Determina si la siguiente oración es verdadera o falsa: "La transferencia por _spray_ es recomendable para materiales delgados como chapas de 1 mm de espesor".**

   ■ Verdadero
   ■ Falso

4. **Completa la siguiente oración:**

   La mezcla de gas protector más utilizada en la soldadura de acero al carbono con alambre tubular es _____ y _____ en una proporción de _____.

5. **Explica la importancia de la inclinación y dirección de la pistola en la calidad del cordón de soldadura.**

   _____
   _____
   _____
   _____

6. Relaciona cada término con su definición correcta:

a. Extensión del electrodo
b. Voltaje de arco
c. Transferencia por cortocircuito

__ Longitud del alambre desde la boquilla hasta la pieza de trabajo
__ Tipo de transferencia metálica que ocurre a baja corriente
__ Relación entre voltaje y transferencia metálica

7. Ordena los siguientes pasos para la regulación de la velocidad de desplazamiento en soldadura:

- Verificar la estabilidad del arco y la forma del cordón.
- Determinar la posición de soldadura.
- Realizar pruebas con diferentes velocidades.
- Ajustar la velocidad en función del amperaje y voltaje.
- Documentar los parámetros usados.

8. Determina si la siguiente oración es verdadera o falsa: "Una velocidad de desplazamiento muy baja puede generar sobrecalentamiento y penetración excesiva en la soldadura".

- Verdadero
- Falso

9. Completa la siguiente oración:

En la soldadura con alambre tubular, una extensión del electrodo demasiado larga puede generar _____ penetración y _____ riesgo de porosidad en el cordón de soldadura.

10. ¿Cuál es el efecto de utilizar un voltaje de arco demasiado alto en la soldadura con alambre tubular?

a. Se reduce la penetración y el cordón se vuelve más ancho.
b. Se incrementa la velocidad de deposición sin afectar la penetración.

    c. Se genera un arco inestable y aumenta la posibilidad de in-
       clusiones de escoria.

    d. No tiene un efecto significativo en la calidad de la soldadura.

Defectos en la soldadura con alambre tubular

Contenido

1. Introducción
2. Tipos de defectos más comunes
3. Factores y causas a tener en cuenta para cada uno de los defectos
4. Correcciones a tener en cuenta para cada uno de los defectos
5. Inspección visual de las soldaduras
6. Ensayos utilizados para la detección de errores
7. Resumen

Objetivos

Los objetivos específicos de esta Unidad de Aprendizaje son:

→ Clasificar los defectos más frecuentes en la soldadura con alambre tubular, tales como porosidad, inclusiones, falta de fusión, grietas y socavados, entre otros.

→ Analizar los factores que influyen en la aparición de defectos, considerando aspectos como los parámetros de soldeo, la composición del metal base, el tipo de gas protector y las condiciones ambientales.

→ Identificar los criterios de inspección visual en las soldaduras con alambre tubular para detectar defectos superficiales y evaluar la calidad del cordón.

→ Reconocer los principales ensayos utilizados en la detección de defectos en soldaduras, comprendiendo su funcionamiento y aplicabilidad según las características del material y el tipo de unión.

→ Aplicar estrategias correctivas para minimizar o eliminar defectos, optimizando los parámetros del proceso y adoptando buenas prácticas en la ejecución de la soldadura.

1. Introducción

La soldadura con alambre tubular es una técnica ampliamente utilizada en la industria metalúrgica debido a su eficiencia y versatilidad. Sin embargo, como cualquier proceso de soldadura, no está exenta de desafíos. La presencia de defectos en las soldaduras puede comprometer seriamente la integridad estructural de los componentes, conduciendo potencialmente a fallos catastróficos que pueden ser costosos, tanto en términos económicos como de seguridad. Por esta razón, es crucial que los profesionales en el campo de la soldadura estén bien informados sobre los posibles defectos que pueden surgir en el uso del alambre tubular y cómo detectarlos, analizarlos y corregirlos.

Imaginemos una tubería de transporte sometida a altas presiones y temperaturas en una planta de procesamiento petroquímico. Cualquier defecto en las soldaduras de dichas tuberías puede originar filtraciones peligrosas o incluso rupturas, amenazando la seguridad del personal y la eficiencia de las operaciones. Aquí es donde la pericia en la inspección y corrección de defectos en la soldadura se convierte en un activo invaluable. La capacidad de realizar inspecciones visuales detalladas y de aplicar diversos ensayos para identificar imperfecciones puede ser la diferencia entre el buen funcionamiento continuo de la planta y una parada no planificada.

A medida que los soldadores se enfrentan a defectos que van desde porosidades hasta inclusiones y grietas, es vital que comprendan no solo los tipos de defectos más comunes, sino también los factores que contribuyen a su aparición y las técnicas necesarias para su corrección. Desde la evaluación meticulosa de los materiales hasta el ajuste preciso de los parámetros de soldadura, cada paso es crucial para garantizar una soldadura de calidad.

Además, la comprensión de la influencia de cada uno de estos factores y la correcta aplicación de soluciones y técnicas de corrección no solo eleva la calidad de la soldadura, sino que también prolonga la vida útil de las estructuras soldadas. Por lo tanto, dominar estas habilidades no solo mejora la habilidad del soldador, sino que también tiene un impacto significativo en la sostenibilidad y la seguridad de las operaciones industriales.

El conocimiento detallado y la habilidad para lidiar con defectos en la soldadura con alambre tubular es esencial. Equipar a los profesionales con las herramientas y técnicas necesarias para identificar y corregir estos defectos es esencial para asegurar conexiones fuertes y duraderas, minimizando los riesgos y optimizando el rendimiento del proceso de soldadura en general. Este conocimiento no solo preserva la integridad de las estructuras soldadas, sino que también representa un valor incalculable para cualquier industria que dependa de soldaduras seguras y efectivas.

Manuel ha mejorado mucho en el proceso de soldeo con hilo tubular. Dada su actitud ejemplar, el supervisor del taller y el responsable de calidad han decidido proponer a Manuel la realización de un amplio programa formativo sobre defectos en soldaduras con hilo tubular. Los conocimientos obtenidos por Manuel, unidos a su bagaje profesional, garantizarán mejorar la labor y eficiencia de los soldadores.

2. Tipos de defectos más comunes

 **HILO CONDUCTOR**

Aunque la experiencia previa en el mundo de la soladura de Manuel ha hecho que tenga conocimiento de los defectos típicos de la soldadura, ahora es el momento de ampliar los conocimientos sobre estos defectos, para así intentar evitar su aparición.

La industria de la soldadura ha avanzado considerablemente con el tiempo, y la soldadura con alambre tubular ha surgido como la técnica preferida en multitud de aplicaciones industriales. Este método combina la eficiencia del proceso con la calidad de las uniones, pero no está libre de ciertas dificultades, siendo una de las principales la aparición de defectos. Entender los tipos de defectos más comunes en la soldadura con alambre tubular es indispensable para cualquier profesional en el campo, ya que proporciona las herramientas necesarias para prevenirlos y, en caso de que se presenten, corregirlos adecuadamente.

Dado que ningún cordón de soldadura es completamente uniforme a lo largo de toda su extensión, es inevitable la presencia de ciertas irregularidades. Estas imperfecciones generan una serie de discontinuidades en la soldadura, que en algunos casos pueden derivar en defectos.

Si dichas irregularidades no comprometen la funcionalidad o el desempeño de la pieza soldada, se consideran simplemente discontinuidades. Sin embargo, cuando una discontinuidad supera los límites permitidos en cuanto a tamaño, cantidad o ubicación, y representa un riesgo potencial de falla estructural o fractura de la pieza, se clasifica como un defecto.

 **DEFINICIÓN**

Discontinuidad
Una discontinuidad en un cordón de soldadura se refiere a cualquier irregularidad que interrumpe su uniformidad a lo largo de su recorrido.

Defecto de soldadura
Es una discontinuidad que excede los criterios de aceptación establecidos (en muchos casos por normativa o especificaciones de proyecto), por lo que requiere ser corregida o reparada para prevenir posibles fallos o fracturas en la estructura.

- -

A continuación, veremos las discontinuidades más comunes en las soldaduras que pueden dar lugar a defectos en las mismas.

2.1. Discontinuidades dimensionales del cordón de soldadura

Las discontinuidades dimensionales del cordón de soldadura afectan al aspecto exterior de la soldadura. Muchas de ellas, además, podrán producir defectos estructurales, además de estéticos. Entre estas discontinuidades destacamos:

➲ **Sobreespesor.** Es el exceso de material depositado en un cordón de soldadura. Se produce cuando la cantidad de metal de aporte es mayor de lo necesario, generando un perfil de cordón con una elevación excesiva sobre la superficie de la junta.

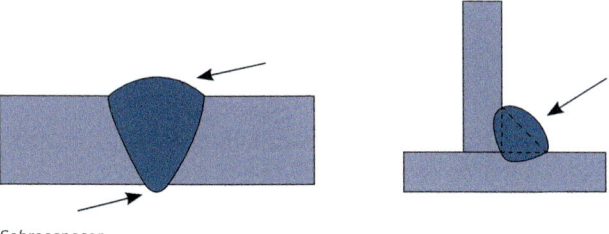

Sobreespesor

‣ **Concavidad en la raíz.** Se trata de una depresión en el cordón de penetración.

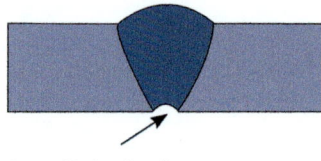

Concavidad en la raíz

‣ **Penetración incompleta.** Ocurre cuando no se logra una fusión completa en la zona de penetración.

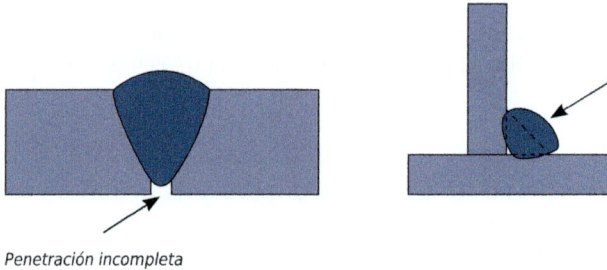

Penetración incompleta

‣ **Desalineación.** Este defecto ocurre cuando las piezas soldadas quedan a diferentes niveles.

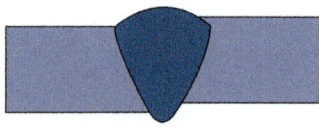

Desalineación

‣ **Garganta o cuello insuficiente.** Este defecto ocurre cuando el tamaño del cordón de soldadura es menor al especificado en los planos de fabricación de la estructura, lo que puede comprometer la resistencia y estabilidad de la unión.

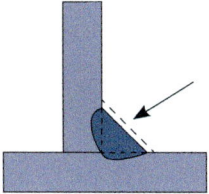

Cuello insuficiente

➲ **Traslape.** El traslape se produce cuando el material fundido se extiende más allá del límite del chaflán, generando un desbordamiento que no se fusiona correctamente con el metal base.

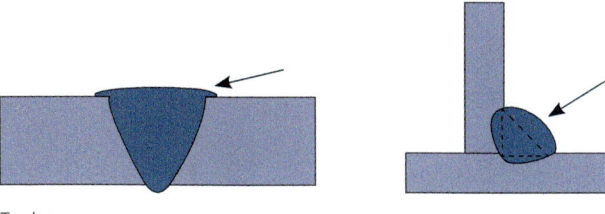

Traslape

➲ **Socavados o mordeduras.** Son depresiones o surcos que se forman en los bordes de la unión soldada, generando una reducción de espesor en el material base adyacente al cordón de soldadura. Este defecto compromete la resistencia mecánica de la junta, ya que puede actuar como un punto de inicio para fisuras o fallos estructurales.

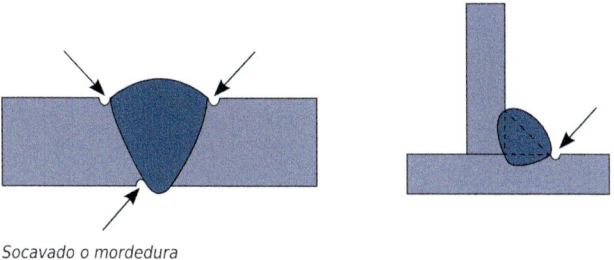

Socavado o mordedura

➲ **Falta de material.** La falta de material en la soldadura se refiere a una insuficiente deposición de metal de aporte en el cordón, lo que puede comprometer la resistencia y calidad de la unión.

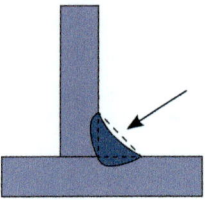 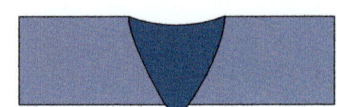

Falta de material

◆ **Falta de simetría.** La falta de simetría en la soldadura ocurre cuando el cordón presenta una base desproporcionadamente ancha en relación con su altura, lo que genera un perfil irregular y un reparto desigual del material de aporte. Este defecto es común en soldaduras de unión en ángulo.

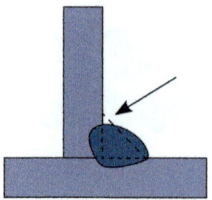

Falta de simetría

 **TAREA 5**

En los últimos meses, por la gran carga de trabajo que tiene el taller de Manuel, se ha tenido que incorporar a un grupo numeroso de nuevos soldadores. Dada esta circunstancia, los defectos en la geometría de los cordones de soldadura se está haciendo cada vez más frecuente. A continuación, se incluye una lista de los defectos encontrados en la última semana:

- En ciertas soldaduras, se detecta una deficiencia de material en la raíz, aunque los bordes de la junta presentan fusión.
- En algunas soldaduras a cuello, la base del triángulo (que forma el cuello) es bastante mayor que la altura.
- Se ha producido una falta de material base en el borde de algunas soldaduras a penetración.

Debes ayudar a Manuel a identificar de qué defecto se trata en cada caso y justificarlo.

2.2. Fisuras o grietas

Las fisuras son defectos críticos debido a su alta capacidad de propagación, ocurridos debido a tensiones excesivas en la soldadura. Pueden presentarse durante o después del proceso de soldadura. Son especialmente frecuentes en aceros con un contenido medio o alto de carbono y en fundiciones. Las fisuras en caliente, por ejemplo, aparecen sobre todo cuando la soldadura todavía está caliente debido a la contracción del metal fundido al enfriarse. Por otro lado, las fisuras en frío suelen generarse después del enfriamiento completo, reflejando las tensiones residuales internas.

Estos defectos pueden impactar significativamente en la resistencia mecánica de una unión debido a su potencial de propagación bajo condiciones de estrés o carga, lo que podría llevar al fallo catastrófico del elemento o estructura en cuestión.

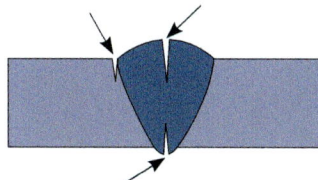

Fisuras o grietas

2.3. Falta de fusión

La falta de fusión, también conocida como fusión insuficiente, es uno de los defectos más críticos en la soldadura con alambre tubular, ya que compromete directamente la resistencia y durabilidad de la unión soldada.

Se produce cuando el metal de aporte no se integra correctamente con el metal base o entre los diferentes pases de soldadura, generando una discontinuidad en la estructura de la junta.

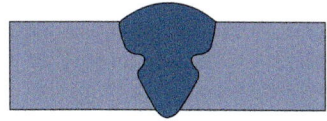

Falta de fusión

2.4. Porosidad

La porosidad en la soldadura con alambre tubular es un defecto que puede comprometer la calidad, resistencia y durabilidad de una soldadura. Se define como la presencia de cavidades o burbujas en el metal soldado, que usualmente son causadas por gases que no se han disipado antes de que el metal se solidifique. Este defecto es especialmente relevante en la soldadura con alambre tubular, ya que este proceso emplea electrodos tubulares llenos de fundente que generan gases para proteger la soldadura, lo cual incrementa el riesgo de formación de poros si no se manejan adecuadamente las variables del proceso.

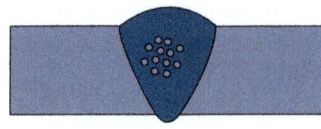

Porosidad

2.5. Inclusiones

Otro de los defectos que pueden comprometer la calidad de la unión soldada son las inclusiones. Estas pueden debilitar la resistencia mecánica del componente soldado y afectar a su integridad a lo largo del tiempo. Por esta razón, es crucial entender sus causas, tipos, efectos y métodos para prevenirlas, tal como veremos en este apartado. La composición del alambre tubular y los materiales de soporte juegan un rol crucial en la reducción de este tipo de defectos.

 **DEFINICIÓN**

Inclusiones
Son partículas no metálicas que quedan atrapadas dentro de la soldadura. Este tipo de defecto ocurre principalmente cuando la escoria generada no es completamente removida entre las pasadas de soldadura o cuando la técnica de soldadura no es la adecuada para mantener el baño de soldadura limpio y uniforme.

Continúa en página siguiente >>

<< Viene de página anterior

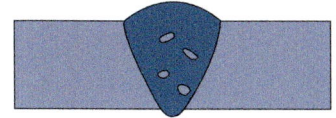

Inclusiones

A continuación, se exponen los tipos de inclusiones:

Inclusiones de escoria
- Este tipo ocurre cuando residuos sólidos de escoria quedan atrapados dentro del cordón de soldadura. Si no se elimina adecuadamente entre pasadas, puede resultar en inclusiones de escoria.

Inclusiones de óxido
- Se generan cuando hay una oxidación excesiva del metal base o del material de aporte. El oxígeno del aire o del material puede interactuar con el metal caliente, formando óxidos que, si no son removidos, quedarán atrapados en la soldadura.

Inclusiones de tungsteno
- Aunque son más comunes en la soldadura TIG, pueden aparecer en el alambre tubular en casos donde se emplean electrodos de tungsteno erróneamente en procesos combinados. Estos provocan inclusiones que afectan negativamente las propiedades del material soldado.

Inclusiones de partículas externas
- Resultan de la contaminación del área de trabajo o del equipamiento de soldadura. Partículas de polvo, aceites o restos de material pueden incorporarse a la soldadura si no se observan estrictas medidas de limpieza.

2.6. Corrosión interna y externa

La corrosión en las soldaduras con alambre tubular es un problema que puede comprometer gravemente la durabilidad y resistencia de las uniones, especialmente en ambientes con alta humedad, exposición a agentes químicos o condiciones industriales agresivas.

La degradación del metal por corrosión reduce la capacidad estructural de la unión soldada, y puede generar fallos prematuros en componentes esenciales.

Corrosión de soldaduras de tuberías

2.7. Salpicaduras o proyecciones

Las salpicaduras, también llamadas proyecciones, son pequeñas gotas de metal fundido que se desprenden durante el proceso de soldadura y se solidifican sobre la superficie del cordón, el metal base o incluso en áreas cercanas a la zona de trabajo.

Aunque no afectan directamente la resistencia de la unión, pueden influir en la estética de la soldadura y, en algunos casos, dificultar procesos posteriores como el pintado, recubrimiento o limpieza de la pieza. Su eliminación suele requerir métodos mecánicos como el esmerilado o el uso de agentes antiadherentes.

Proyecciones presentes en soldadura de perfil metálico

2.8. Alabeo y distorsión

La distorsión y el alabeo son defectos geométricos que ocurren cuando las piezas soldadas experimentan una deformación debido a un calentamiento y enfriamiento desigual durante el proceso de soldadura. Este fenómeno es común en estructuras de gran tamaño, materiales de bajo espesor y uniones con restricciones geométricas, donde la expansión térmica y la contracción del metal no se distribuyen uniformemente.

ACTIVIDAD COMPLEMENTARIA

18. Busca en la red y amplía información sobre la distorsión o alabeo que sufren las piezas al ser soldadas mediante alambre tubular (FCAW) en comparación con otros procesos de soldeo.

3. Factores y causas a tener en cuenta para cada uno de los defectos

HILO CONDUCTOR

Manuel, junto al supervisor de su taller, está analizando los trabajos de soldadura con hilo tubular que se están llevando a cabo en una estructura pesada. En dichos trabajos se están produciendo algunos defectos y su principal misión es encontrar su origen, es decir, encontrar los factores y posibles causas que están dando lugar a las discontinuidades y defectos de soldadura.

En el proceso de soldadura tubular, como en cualquier proceso de soldadura, es necesario tener en cuenta diversos factores que pueden dar lugar a defectos si no son debidamente controlados. Este apartado se centra en identificar y analizar los principales factores y causas que deben considerarse para prevenir y corregir defectos en la soldadura con alambre tubular.

3.1. Factores y causas que dan lugar a discontinuidades dimensionales del cordón de soldadura

Las discontinuidades dimensionales afectan tanto a la estética como a la resistencia mecánica de la soldadura. Estas irregularidades pueden derivar en defectos estructurales si no se corrigen adecuadamente. A continuación, se analizan los factores y causas de cada discontinuidad.

En el siguiente cuadro aparecen los defectos asociados a las discontinuidades dimensionales del cordón. En él se exponen los factores que dan lugar al defecto, así como la causa específica del mismo.

Discontinuidad dimensional del cordón	Factores que dan lugar a las discontinuidades	Causas específicas que provocan la discontinuidad
Sobreespesor	Exceso de material de aporte, baja velocidad de desplazamiento, parámetros de soldadura mal ajustados.	Alambre de mayor diámetro, velocidad de avance lenta, amperaje y voltaje inadecuados.
Concavidad en la raíz	Distribución deficiente del calor, insuficiente aporte de material, configuración inadecuada de la junta.	Corriente baja, velocidad de avance elevada, entrehierro inadecuado.
Penetración incompleta	Falta de fusión entre el metal de aporte y la raíz, acceso deficiente del arco, técnicas de soldeo inadecuadas.	Corriente baja, electrodo o alambre inadecuado, inclinación incorrecta de la pistola.
Desalineación	Errores en el montaje, falta de sujeción, diferencias en el espesor de las piezas.	Falta de fijación, aplicación desigual del calor, errores en la alineación de piezas.
Garganta o cuello insuficiente	Falta de material de aporte, parámetros de soldadura mal configurados, ángulo incorrecto de la pistola.	Corriente baja, desplazamiento excesivo, diámetro de alambre incorrecto.
Traslape	Exceso de material fundido sin fusión adecuada, parámetros mal ajustados, mala manipulación de la pistola.	Corriente baja, movimiento brusco de la pistola, velocidad de desplazamiento baja.
Socavado o mordedura	Excesivo calor en los bordes, falta de material de aporte, mala regulación de la velocidad de soldadura.	Voltaje excesivo, ángulo inadecuado de la pistola, movimiento irregular.

Continúa en página siguiente >>

<< *Viene de página anterior*

Discontinuidad dimensional del cordón	Factores que dan lugar a las discontinuidades	Causas específicas que provocan la discontinuidad
Falta de material	Baja cantidad de material de aporte, parámetros de soldeo incorrectos, uso de alambre de diámetro inadecuado.	Corriente excesiva, alambre de menor diámetro, espacio insuficiente en la junta.
Falta de simetría	Mala distribución del material, inclinación incorrecta de la pistola, movimiento irregular del soldador.	Ángulo incorrecto, velocidad de avance desigual, técnica de oscilación mal ejecutada.

 **DEFINICIÓN**

Entrehierro

Es la separación o espacio que se deja entre las piezas a unir antes de la soldadura, especialmente en uniones a tope.

3.2. Factores y causas que dan lugar a fisuras o grietas

Las grietas o fisuras en la soldadura pueden manifestarse de varias formas, y comprender sus tipos es crucial para su correcta identificación y análisis de los factores y causas que dan lugar a estos defectos. A continuación, se presentan los tipos más comunes:

Grieta por solidificación
- Generalmente ocurre durante el enfriamiento inicial y la solidificación del metal de soldadura. Esto suele estar asociado con un mal diseño conjunto o una alta concentración de contaminantes, como azufre y fósforo en el material de base o en el fundente del alambre tubular. Las grietas por solidificación suelen formarse en los bordes de la soldadura, donde las tensiones de tracción son mayores.

Continúa en página siguiente >>

<< Viene de página anterior

Grieta por enfriamiento
- **Grietas en caliente.** También conocidas como fisuras por solidificación, ocurren a temperaturas elevadas durante la solidificación final de la soldadura, usualmente en la zona de influencia térmica (ZIT). Estas grietas son causadas por la expansión térmica y las tensiones de tracción que superan la resistencia del material a altas temperaturas.
- **Grietas en frío.** Se desarrollan a temperaturas más bajas cuando el material ha alcanzado su solidez total, pero aún está sometido a tensiones internas. Tienen una relación directa con la presencia de hidrógeno en el metal soldado, lo cual conduce a fisuras retardadas o inducidas por hidrógeno.

Grieta de laminación
- Ocurre paralelamente a la capa superficial dentro de la chapa que está siendo soldada. Esto sucede principalmente en aceros deformados a niveles de laminación controlada donde capas débiles se superponen.

Grieta longitudinal
- Estas grietas se forman generalmente a lo largo de la línea de soldadura y a menudo son causadas por pérdidas de ductilidad en el metal de soldadura durante el proceso de solidificación.

Grieta longitudinal

Entre las causas comunes de las grietas en soldaduras con alambre tubular tenemos:

➲ **Composición del material de base.** Metales de base con alta resistencia pueden ser susceptibles a grietas debido a sus propiedades intrínsecas. La selección inadecuada de materiales de base y de alambre tubular puede incrementar este riesgo.

- **Configuración de la unión.** Un mal diseño de juntas puede conllevar distribuciones desiguales del calor, lo que puede incrementar el riesgo de grietas. Diseños de juntas que no facilitan una adecuada evacuación del calor y contracción uniforme en el material soldado son más propensos a experimentar grietas de solidificación.
- **Tasa de enfriamiento.** Un enfriamiento muy rápido puede inducir tensiones residuales, lo cual hace que el área específica de soldadura sea más propensa a la formación de fisuras.
- **Presencia de impurezas.** Elementos como el azufre y el fósforo promueven la formación de grietas y deben ser controlados de cerca en la preparación de materiales de base y alambres de soldadura.
- **Variables de proceso de soldadura.** Factores como una velocidad incorrecta de soldadura, ángulos de electrodos inadecuados, y regulación de voltaje y amperaje inapropiados pueden influir significativamente en la apariencia de grietas en la soldadura.

3.3. Factores y causas que dan lugar a falta de fusión

La falta de fusión se ocasiona debido a:

Parámetros de soldeo inadecuados
- **Baja corriente de soldadura.** Un amperaje insuficiente genera un arco con menor energía, impidiendo la fusión completa del metal de aporte y el metal base.
- **Voltaje de arco incorrecto.** Un voltaje demasiado bajo puede generar un arco inestable y una mala transferencia del material de aporte.
- **Alta velocidad de desplazamiento.** Si la pistola de soldadura se mueve demasiado rápido, el calor no tiene tiempo suficiente para fundir correctamente el material base.

Deficiencias en la técnica del soldador
- **Ángulo incorrecto de la pistola.** Si la inclinación de la pistola no es la adecuada, el calor se distribuye de manera desigual, dificultando la fusión.
- **Distancia incorrecta de la boquilla a la pieza.** Un stick-out excesivo (distancia entre la boquilla y la superficie de soldadura) reduce la eficacia del arco y disminuye la penetración.
- **Falta de limpieza en la junta.** La presencia de óxidos, aceites o impurezas en la superficie de la pieza puede impedir una adecuada fusión del metal.

Continúa en página siguiente >>

<< Viene de página anterior

Condiciones del material y el ambiente
- **Materiales con alto contenido de óxidos o recubrimientos superficiales.** Algunos aceros requieren un tratamiento previo, como el esmerilado o la aplicación de desoxidantes.
- **Corrientes de aire o condiciones ambientales adversas.** Un entorno con viento o humedad excesiva puede afectar la estabilidad del arco y la calidad de la fusión.

Los efectos que provoca una falta de fusión en la soldadura son:

Reducción de la resistencia mecánica de la soldadura. Una unión con falta de fusión puede fallar bajo cargas mecánicas o térmicas.

Mayor riesgo de fisuras o grietas. Las discontinuidades en la soldadura pueden evolucionar a grietas que debilitan aún más la estructura.

Defectos internos en la soldadura. Si la falta de fusión no se detecta a tiempo, puede ser necesario realizar reparaciones costosas.

ACTIVIDAD COMPLEMENTARIA

19. Busca en internet información visual de defectos de soldadura (puede ser de una norma, una web técnica o un centro de formación). Asegúrate de que contenga imágenes reales o esquemas de al menos cinco defectos.

3.4. Factores y causas que dan lugar a porosidad

La porosidad puede derivar de varias fuentes durante el proceso de soldadura. Una de las más comunes es la presencia de contaminantes en la superficie que se va a soldar. Aceites, óxido, humedad o suciedad pueden descomponerse o generar vapores que se atrapan en el metal fundido. Por lo tanto, es crucial limpiar de forma adecuada las superficies antes de iniciar cualquier procedimiento de soldadura para minimizar estos riesgos.

El tipo y el estado del gas de protección también juegan un papel crucial en la formación de porosidad. En la soldadura con alambre tubular, el gas de protección principal es generado por el núcleo del alambre tubular; sin embargo, si se emplea también un gas auxiliar, es vital asegurarse de que sea el apropiado y esté libre de humedad e impurezas. La utilización de gases inadecuados o contaminados puede resultar en la interacción entre el gas y el metal fundido, formando burbujas. Además, la incorrecta calibración o el mal funcionamiento del equipo de suministro de gas puede afectar el flujo, permitiendo que el aire se mezcle con el gas de protección, lo cual es una causa directa de porosidad.

Otra consideración importante es el voltaje y la velocidad de alimentación del alambre. Estos parámetros deben ser precisos, ya que un voltaje demasiado alto puede causar salpicaduras excesivas, al mismo tiempo que si la alimentación es demasiado rápida, puede atrapar oxígeno en la soldadura. En contraste, voltajes inconsistentes o una alimentación inadecuada también pueden generar un arco inestable que promueva la aparición de porosidad.

El entorno en el que se realiza la soldadura también es un factor clave. La soldadura al aire libre puede estar sujeta a vientos y corrientes de aire que interfieren con el escudo gaseoso. Los trabajos en exteriores deben considerar el empleo de protectores contra el viento o técnicas de soldadura alternativas cuando sea posible, para minimizar el efecto del entorno en el escudo gaseoso y reducir la porosidad.

Asimismo, las técnicas de soldadura tienen un impacto considerable. Una técnica deficiente, tal como el empleo de un ángulo incorrecto del electrodo o movimientos desiguales, puede resultar en una cobertura ineficaz de gas, incrementando el riesgo de capturar aire en la soldadura. Mantener un ángulo constante y recordar la necesidad de un ritmo uniforme y controlado puede mitigar estos problemas.

Tampoco podemos pasar por alto el papel del fundente en el alambre tubular. Un fundente de baja calidad, o si el alambre no ha sido almacenado correctamente, puede absorber humedad, lo cual sería liberado como vapor creando poros durante la soldadura. De igual forma, una descomposición inadecuada del fundente puede contribuir a la formación de defectos gaseosos. Es importante emplear consumibles de alta calidad, almacenados correctamente en un entorno estable y seco.

Corregir situaciones de porosidad implica una labor exhaustiva de refinamiento y control de proceso. Identificar la fuente precisa del problema permite ajustes inmediatos y, a menudo, implica modificaciones en técnicas operativas del soldador o alterar parámetros del proceso, como ajustar el flujo de gas, cambiar la velocidad del alambre o incluso revisar las técnicas de limpieza.

En conclusión, la porosidad es un defecto que puede tener múltiples causas interrelacionadas y complejas, desde malas prácticas de preparación y manipulación del material hasta desajustes en las condiciones de operación y manejo inadecuado de equipos y consumibles. La capacitación y atención a cada detalle son elementos centrales para un control efectivo del problema, garantizando así la calidad y eficiencia de las soldaduras realizadas con alambre tubular. La comprensión detallada y la aplicación rigurosa de prácticas de prevención son vitales para cualquier soldador que desee minimizar defectos, mejorando la calidad general de sus resultados.

 **APLICACIÓN PRÁCTICA**

En el último proyecto que se está llevando a cabo en el taller de Manuel, se está observando una presencia elevada de poros en la soldadura con hilo tubular. El supervisor de taller ha decidido colgar en lugares visibles unas antiguas recomendaciones para evitar la porosidad, y en ellas se describen las causas de la porosidad y cómo evitarlas.

Causa de porosidad	Cómo evitarla
Superficies contaminadas (aceite, suciedad, óxido)	Limpieza somera de las superficies.
Gas de protección inadecuado o contaminado	Utilizar gas adecuado, libre de humedad e impurezas; revisar y mantener el equipo de suministro.
Voltaje incorrecto (muy alto o inestable)	Ajustar y controlar voltaje según vuestra experiencia.
Velocidad inadecuada del alambre (muy rápida o inconsistente)	Cambiar velocidad de alimentación.
Ambiente expuesto a viento o corrientes de aire	Usar protectores contra viento o realizar soldadura en áreas protegidas.

Continúa en página siguiente >>

<< Viene de página anterior

Causa de porosidad	Cómo evitarla
Técnica de soldadura incorrecta (ángulo o movimientos irregulares)	Mantener ángulo constante y movimientos bruscos.
Alambre tubular o fundente con humedad o almacenado incorrectamente	Almacenar consumibles en una habitación oscura.

Manuel, al leer las recomendaciones, se queda extrañado. Ayuda a Manuel a detectar los fallos y a corregir la tabla de recomendaciones.

Solución

Causa de porosidad	Cómo evitarla
Superficies contaminadas (aceite, suciedad, óxido)	**Limpieza exhaustiva previa de las superficies.**
Gas de protección inadecuado o contaminado	Utilizar gas adecuado, libre de humedad e impurezas; revisar y mantener el equipo de suministro.
Voltaje incorrecto (muy alto o inestable)	**Ajustar y controlar el voltaje según especificaciones técnicas.**
Velocidad inadecuada del alambre (muy rápida o inconsistente)	**Mantener velocidad de alimentación constante y adecuada.**
Ambiente expuesto a viento o corrientes de aire	Usar protectores contra viento o realizar soldadura en áreas protegidas.
Técnica de soldadura incorrecta (ángulo o movimientos irregulares)	**Mantener ángulo constante y movimientos uniformes.**
Alambre tubular o fundente con humedad o almacenado incorrectamente	**Almacenar consumibles en ambiente seco y controlado; utilizar materiales de calidad.**

3.5. Factores y causas que dan lugar a inclusiones

Las inclusiones en la soldadura con alambre tubular pueden darse por una variedad de razones. Algunas de las más comunes incluyen:

- **Preparación inadecuada de la superficie.** La falta de limpieza de la superficie del metal base o la presencia de contaminantes pueden generar inclusiones. Óxidos, pinturas o restos de otro tipo de recubrimientos deben ser removidos antes de comenzar la soldadura.
- **Parámetros de soldadura inadecuados.** Parámetros incorrectos, tales como la velocidad de avance, el voltaje, la distancia del electrodo al material base o la temperatura, pueden contribuir a la formación de inclusiones.
- **Uso inadecuado del alambre tubular.** Emplear alambres de baja calidad o incorrectos para el tipo de material que se va a soldar puede derivar en una soldadura pobre con inclusiones.
- **Limpieza insuficiente de la escoria.** Las inclusiones de escoria se deben principalmente a la limpieza insuficiente de la escoria durante las pasadas de soldadura.
- **Condiciones ambientales.** La presencia de humedad o corrientes de aire puede interferir en el proceso de soldadura, llevando a una mayor probabilidad de oxidación y creación de inclusiones.

Las inclusiones afectan la soldadura al:

Comprometer la resistencia estructural
- Las inclusiones generan puntos de concentración de tensión dentro del metal soldado, que pueden fácilmente convertirse en origen de un agrietamiento bajo carga.

Reducir la resistencia a la corrosión
- Especialmente en ambientes agresivos, las inclusiones actúan como sitios de inicio para la corrosión, debilitando el material más rápidamente.

Impactar en la resistencia a la fatiga
- Bajo cargas cíclicas, las inclusiones pueden actuar como defectos desde donde se inician grietas por fatiga, disminuyendo la vida operativa del componente.

Dados los efectos negativos de las inclusiones, se deben llevar a cabo métodos que prevengan su aparición:

Preparación de la superficie
- Asegurar que la superficie esté limpia y libre de contaminantes es primordial. El uso de disolventes adecuados para eliminar aceites y grasas, así como el lijado para remover óxidos y recubrimientos, son prácticas recomendadas.

Selección correcta del alambre tubular y parámetros de soldadura
- Escoger el alambre correcto, teniendo en cuenta el tipo de material base y las condiciones de trabajo, es esencial. Además, calibrar y ajustar correctamente los parámetros de soldadura para obtener una fusión adecuada es clave.

Técnicas de soldadura adecuadas
- Aprender y aplicar técnicas correctas, como el control de la relación de mezcla de gases de protección y el mantenimiento del ángulo y distancia adecuados entre la antorcha y el material, puede mitigar la aparición de inclusiones.

Control del entorno
- Realizar las soldaduras en ambientes controlados, donde la humedad y el polvo se minimicen, ayuda a prevenir incluencias por factores ambientales.

Inspección y reparación
- Las técnicas de inspección permiten detectar las inclusiones antes de que representen un riesgo grave. Si se descubren procedimientos como el refuerzo con cordones adicionales, esmerilado y repetición de la soldadura, pueden ser necesarios para corregirlas.

ACTIVIDAD COMPLEMENTARIA

20. Investiga un caso real en el que el fallo de una soldadura haya provocado un accidente, colapso o problema estructural importante en una obra o estructura conocida (puede ser un puente, edificio, avión, maquinaria, etc.).

Continúa en página siguiente >>

<< Viene de página anterior

Responde brevemente:

1. ¿Qué estructura o proyecto fue afectado?
2. ¿Qué tipo de defecto en la soldadura causó el fallo?
3. ¿Qué consecuencias tuvo el fallo?
4. ¿Qué medidas se tomaron después?

3.6. Factores y causas que dan lugar a corrosión interna y externa

La corrosión en las soldaduras con alambre tubular es un problema que puede comprometer gravemente la durabilidad y resistencia de las uniones, especialmente en ambientes con alta humedad, exposición a agentes químicos o condiciones industriales agresivas. La degradación del metal por corrosión reduce la capacidad estructural de la unión soldada, pudiendo generar fallos prematuros en componentes críticos.

Los factores que influyen en la corrosión de la soldadura son:

Condiciones ambientales
- **Alta humedad y exposición al agua.** La presencia de agua o condensación acelera la formación de óxidos y corrosión en la zona de la soldadura.
- **Ambientes industriales agresivos.** La exposición a sustancias químicas como ácidos, sales o compuestos alcalinos puede acelerar la corrosión del metal base y del cordón de soldadura.
- **Contacto con metales disímiles.** La combinación de materiales con diferente potencial electroquímico puede generar corrosión galvánica, acelerando el deterioro de la soldadura.

Materiales empleados
- **Composición del metal base.** Algunos aceros al carbono tienen menor resistencia a la corrosión en comparación con aceros inoxidables o aleaciones de níquel.
- **Tipo de metal de aporte.** La selección de un alambre tubular con resistencia a la corrosión es clave en aplicaciones expuestas a ambientes agresivos.
- **Presencia de impurezas.** Elementos como azufre, fósforo o inclusiones de escoria pueden actuar como puntos de inicio de la corrosión.

Continúa en página siguiente >>

<< Viene de página anterior

Otros defectos de soldadura
- **Porosidad y grietas.** Las discontinuidades en la soldadura pueden retener humedad y agentes corrosivos, acelerando el proceso de oxidación.
- **Falta de fusión o inclusiones de escoria.** Generan zonas vulnerables donde la corrosión puede avanzar más rápidamente.
- **Socavados o superficies irregulares.** Facilitan la acumulación de contaminantes y dificultan la aplicación de recubrimientos protectores.

Las consecuencias de la corrosión en la soldadura son:

Debilitamiento estructura
- La reducción del espesor del metal debido a la corrosión puede comprometer la resistencia mecánica de la unión soldada.

Pérdida de propiedades mecánicas
- La exposición prolongada a ambientes corrosivos puede afectar la dureza y ductilidad del material.

Riesgo de fallos prematuros
- En aplicaciones críticas como puentes, recipientes a presión o estructuras marinas, la corrosión puede reducir significativamente la vida útil de la soldadura.

Dificultad en inspección y mantenimiento.
- La corrosión oculta en zonas internas puede ser difícil de detectar sin ensayos especializados, aumentando los costos de mantenimiento.

Para evitar la corrosión en la soldadura se debe realizar un control cuidadoso de los ambientes de almacenamiento, y el uso de revestimientos protectores es fundamental. La elección del metal de aporte que resista bien la corrosión también influye significativamente, especialmente cuando se planea utilizar la unión soldada en aplicaciones críticas.

IMPORTANTE

El espacio destinado a almacenar los consumibles de soldadura debe garantizar unas condiciones de temperatura y humedad que aseguren que no se produzca ningún tipo de oxidación en el consumible. En ocasiones es preciso disponer de estufas o calefactores para garantizar las condiciones óptimas de almacenamiento.

- -

3.7. Factores y causas que dan lugar a salpicaduras o proyecciones

Uno de los principales factores que contribuyen a la aparición de salpicaduras en la soldadura es el uso de un metal de aporte en forma de hilo continuo que ha absorbido humedad del ambiente. Esta humedad puede provocar una inestabilidad en el arco eléctrico, favoreciendo la expulsión de pequeñas partículas de metal fundido que se adhieren a la superficie del cordón y las zonas circundantes.

Para evitar este problema, es fundamental seguir de manera estricta las normas de almacenamiento recomendadas por los fabricantes de alambre de aporte. Estas especificaciones incluyen el mantenimiento del material en lugares secos, con niveles de humedad controlados y, en algunos casos, el uso de hornos de secado para restaurar sus propiedades antes de la soldadura.

Desde el punto de vista estructural, las salpicaduras o proyecciones no afectan directamente ni la resistencia ni la calidad de la unión soldada, ya que no comprometen la fusión ni la integridad del cordón de soldadura. Sin embargo, es muy importante la retirada de las proyecciones de forma previa al tratamiento superficial de las superficies de acero, por ser posibles puntos donde comience una futura corrosión.

Las consecuencias principales de las proyecciones son:

> Estéticamente, las salpicaduras generan una superficie irregular y poco profesional, lo que puede ser inaceptable en aplicaciones donde la apariencia final es un factor importante.

Continúa en página siguiente >>

<< Viene de página anterior

Desde una perspectiva de productividad, la eliminación de estas proyecciones requiere procesos adicionales, como esmerilado, cepillado o uso de agentes antiadherentes, lo que supone una pérdida de tiempo y un aumento en los costes de producción.

3.8. Factores y causas que dan lugar a alabeo y distorsión

Las deformaciones en las piezas soldadas son un problema recurrente en los procesos de unión térmica de metales, y su aparición está influenciada por múltiples factores. La falta de experiencia del operador y la aplicación de técnicas inadecuadas de fijación de las piezas son elementos determinantes en la generación de estas distorsiones. Un manejo incorrecto del procedimiento de soldadura puede conducir a una distribución desigual del calor, favoreciendo la aparición de tensiones internas que afectan la estabilidad dimensional de la estructura soldada.

Entre las causas de la distorsión y alabeo tenemos:

Dilatación y contracción térmica	- Durante la soldadura, el metal se calienta y se expande. Al enfriarse, se contrae, lo que genera fuerzas internas que pueden producir deformaciones en la pieza. - Si la soldadura se realiza en una zona localizada sin una distribución equilibrada del calor, la contracción puede generar tensiones residuales y provocar el alabeo.
Geometría y restricción de la pieza	- En piezas delgadas, la falta de rigidez estructural facilita la aparición de deformaciones. - Las estructuras con restricciones geométricas impiden que el metal se contraiga de manera uniforme, generando tensiones internas que pueden provocar distorsión.
Secuencia de soldadura incorrecta	- Aplicar cordones largos sin interrupciones en una sola dirección puede concentrar demasiado calor en un área específica, aumentando la posibilidad de alabeo. - Un orden incorrecto en la deposición de los cordones de soldadura puede favorecer la acumulación de tensiones en la estructura.

Continúa en página siguiente >>

<< Viene de página anterior

Exceso de calor en el proceso de soldadura	- Parámetros mal ajustados, como una corriente excesiva, un voltaje elevado o una velocidad de avance demasiado baja, pueden generar un mayor ingreso de calor en la pieza, aumentando la probabilidad de distorsión. - La acumulación de calor en zonas puntuales puede generar tensiones diferenciales, provocando deformaciones locales.

Los efectos principales de la distorsión en las estructuras soldadas son:

> Desajuste en la geometría de la pieza, afectando la precisión del ensamblaje.

> Dificultades en el montaje y la alineación de estructuras, aumentando el tiempo y los costes de producción.

> Reducción de la resistencia mecánica, ya que las tensiones residuales pueden generar fisuras o fallos prematuros.

> Impacto negativo en la estética y funcionalidad del producto final, especialmente en componentes de precisión o estructuras de alto rendimiento.

 ## ACTIVIDAD COMPLEMENTARIA

21. Localiza en la web un vídeo donde se muestren distintos tipos de defectos y se ayude a identificarlos.

APLICACIÓN PRÁCTICA

El taller de Manuel trabaja en la fabricación de una estructura metálica de soporte para maquinaria industrial. Durante el proceso de soldadura con alambre tubular (FCAW), detecta que una de las vigas principales está experimentando un alabeo excesivo, comprometiendo la alineación y estabilidad de la estructura. A continuación, tienes algunos datos:

• Manuel y su equipo tienen experiencia en la soldadura estructural.
• Al revisar los parámetros de soldadura, Manuel nota que se ha utilizado un amperaje elevado y una velocidad de desplazamiento baja.
• Se observa que la soldadura se ha realizado en un solo lado de la viga sin aplicar una secuencia alternada.
• Las vigas han sido sujetadas con dispositivos de fijación adecuados y con puntos de soldadura previos para mantener su posición.
• Al revisar la especificación del procedimiento de soldadura (WPS), Manuel detecta que no se ha seguido correctamente la recomendación de usar pases intermitentes y una técnica de distribución de calor equilibrada.

¿Cuáles han sido las causas del alabeo que se ha producido? ¿Qué correcciones debería aplicar?

Solución

1. El amperaje elevado y una velocidad de desplazamiento baja lo ha podido generar un exceso de calor en la zona de unión. Esta condición ha provocado una expansión térmica desigual, favoreciendo el alabeo de la viga.
2. Al hacer la soldadura de un solo lado de la viga, se ha generado una diferencia de temperatura entre las caras de la estructura, aumentando las tensiones de contracción en un solo sentido y causando la deformación.
3. No se ha seguido el WPS correspondiente respecto a usar pases intermitentes y una técnica de distribución de calor equilibrada. Por tanto, se han generado acumulaciones de calor que favorecen la distorsión.

4. Correcciones a tener en cuenta para cada uno de los defectos

☞ **HILO CONDUCTOR**

Tras la identificación de los defectos de soldadura que últimamente se están produciendo en el taller de Manuel, el Departamento de Calidad y Producción ha propuesto una reunión. En ella, Manuel, como soldador experimentado, debe proponer medidas para prevenir o corregir los defectos.

Tal y como hemos visto, el proceso de soldadura no está exento de imperfecciones, y la aparición de defectos puede comprometer tanto la calidad como la resistencia mecánica de las uniones. Estos defectos pueden originarse por factores diversos, como una incorrecta configuración de los parámetros de soldadura, una preparación inadecuada de la junta, errores en la técnica del operador o condiciones ambientales desfavorables.

Para garantizar la integridad estructural de la soldadura, es fundamental identificar con precisión el tipo de defecto y aplicar la corrección adecuada según su naturaleza. Algunas discontinuidades pueden solucionarse mediante ajustes en los parámetros de soldeo, mientras que otras requerirán métodos correctivos más complejos, como la eliminación y resoldadura de la zona afectada.

En este apartado, se detallan las estrategias y medidas correctivas específicas para cada defecto, con el objetivo de minimizar su impacto en la soldadura y prevenir su recurrencia en futuros trabajos.

4.1. Corrección de las discontinuidades dimensionales del cordón de soldadura

En el proceso de soldadura, la aparición de discontinuidades dimensionales en el cordón puede comprometer la calidad, resistencia y apariencia de la unión. Estas irregularidades pueden ser causadas por una mala configuración de los parámetros de soldeo, una preparación inadecuada de la junta, o errores en la técnica del operador.

Para garantizar la integridad estructural de las soldaduras, es fundamental adoptar medidas preventivas que minimicen la probabilidad de defectos y, en caso de que estos se presenten, aplicar correcciones adecuadas para evitar comprometer la funcionalidad de la unión. Tras las medidas correctivas, es importante llevar a cabo la correspondiente inspección que asegure que el defecto ha desaparecido.

A continuación, se presenta un cuadro con las principales medidas preventivas y correctivas para cada uno de los defectos más comunes en el cordón de soldadura.

Defecto	Medidas preventivas	Medidas correctivas
Sobreespesor	Ajustar la velocidad de avance y el amperaje para evitar acumulación excesiva de material.	Eliminar el exceso de material mediante esmerilado o mecanizado si es necesario.
Concavidad en la raíz	Utilizar una corriente de soldadura adecuada y controlar la velocidad de desplazamiento.	Aplicar una nueva pasada de soldadura para corregir la concavidad.
Penetración incompleta	Verificar la correcta preparación de la junta y ajustar los parámetros de penetración.	Rectificar la junta y realizar una nueva soldadura con penetración adecuada.
Desalineación	Usar dispositivos de fijación adecuados y verificar la alineación antes del soldeo.	Reajustar la alineación y reforzar con una nueva soldadura si es posible.
Garganta o cuello insuficiente	Asegurar una correcta distribución del material de aporte y ajustar los parámetros de soldeo.	Añadir material en pasadas adicionales para reforzar la unión.
Traslape	Controlar la cantidad de material depositado y mejorar la manipulación de la pistola.	Eliminar el material sobrante y volver a soldar con los parámetros adecuados.
Socavado o mordedura	Reducir el voltaje y mejorar la técnica de manipulación de la pistola.	Aplicar material adicional si es posible o rectificar la zona afectada.
Falta de material	Asegurar un suministro de material adecuado y ajustar los parámetros térmicos.	Realizar un refuerzo con material adicional y ajustar la técnica de soldadura.
Falta de simetría	Mantener un ángulo de soldadura correcto y controlar la oscilación del electrodo.	Rectificar la forma del cordón con una nueva pasada equilibrada.

TAREA 6

Manuel está realizando la reparación de un cordón de soldadura que presentaba un traslape y un socavado leve. Una vez corregido el defecto, decides comprobar si las dimensiones del cordón cumplen con las especificaciones del plano técnico. Para ello, utilizas galgas y un calibre.

1. ¿Qué parámetro dimensional resulta más afectado por una corrección de socavado?
2. ¿Por qué es importante volver a inspeccionarlo después de la corrección de un defecto?

4.2. Correcciones de fisuras o grietas

Por un lado, se exponen medidas que previenen la aparición de las fisuras y grietas y, por otro lado, se exponen los métodos para corregir el defecto una vez que se ha producido.

Medidas preventivas

Para mitigar la aparición de fisuras, se deben emplear técnicas de precalentamiento cuando sea necesario y un enfriamiento controlado para relajar tensiones. Además, la elección de un metal de aporte compatible con el metal base a soldar y con una menor tendencia a agrietarse es vital para prevenir estos problemas.

Por otro lado, para prevenir su aparición también es importante que el diseño de las juntas sea apropiado y que permita una absorción uniforme del calor y la correcta distribución de tensiones durante el enfriamiento.

Medidas correctivas

La corrección de grietas depende de su tipo, tamaño y ubicación. Las estrategias incluyen:

1. **Eliminación total de la grieta antes de volver a soldar.** Antes de aplicar un nuevo cordón, se debe eliminar por completo la grieta mediante los siguientes métodos:

- **Esmerilado o mecanizado.** Se realiza un desbaste con amoladora hasta eliminar completamente la grieta.
- **Arqueado mediante arco aire** *(gouging).* Se usa una técnica de corte térmico para abrir la grieta y garantizar que no queden zonas afectadas antes de volver a soldar.
- **Perforación en los extremos de la grieta.** Para evitar que la fisura continúe propagándose, se perforan pequeños agujeros en sus extremos antes de eliminarla por completo.

2. **Aplicación de una nueva soldadura.** Una vez eliminada la grieta, se debe realizar un nuevo cordón asegurando que se sigan los siguientes criterios:

- Uso de un metal de aporte compatible con el material base para reducir tensiones.
- Control de los parámetros de soldadura para evitar una acumulación excesiva de calor o una contracción desigual.
- Técnicas de pase múltiple en materiales gruesos para mejorar la distribución de las tensiones.

3. **Tratamientos térmicos para reducir tensiones residuales:**

- **Precalentamiento:** aplicar calor antes de soldar ayuda a reducir diferencias bruscas de temperatura y minimizar el riesgo de nuevas grietas.
- **Postcalentamiento y enfriamiento controlado:** permite una solidificación uniforme, evitando tensiones internas que podrían causar una nueva fisuración.

DEFINICIÓN

Arco aire

También conocido como *gouging* por arco con aire comprimido, es un método utilizado para remover metal de una pieza mediante el calor generado por un arco eléctrico y la expulsión del material fundido con un chorro de aire comprimido a alta presión. Este proceso permite preparar superficies para la soldadura, eliminar defectos, cortar o biselar materiales sin la necesidad de herramientas mecánicas como amoladoras o fresadoras.

Arqueado mediante arco aire

4.3. Corrección de la falta de fusión

Este defecto puede comprometer gravemente la resistencia estructural y la integridad de la soldadura, por lo que es esencial aplicar técnicas preventivas para evitar su aparición y métodos correctivos en caso de detectarse.

Medidas preventivas

Para minimizar el riesgo de falta de fusión en la soldadura, se deben aplicar las siguientes estrategias:

1. **Ajuste adecuado de los parámetros de soldadura:**

   ◑ Aumentar la corriente de soldadura para asegurar una mejor penetración del arco en el metal base.
   ◑ Regular el voltaje correctamente para mantener la estabilidad del arco y garantizar una fusión uniforme.
   ◑ Optimizar la velocidad de avance. Una velocidad excesiva puede impedir que el calor permanezca el tiempo suficiente en la zona de fusión.

2. **Correcta preparación de la junta de soldadura:**

   ◑ Verificar el diseño de la junta, asegurando un entrehierro adecuado y un bisel correcto para facilitar la penetración del material de aporte.
   ◑ Eliminar óxidos, grasas y contaminantes de la superficie del metal base antes de soldar.

◊ Asegurar una buena limpieza entre pasadas, eliminando escoria y residuos antes de aplicar la siguiente capa de soldadura.

3. **Técnica de soldadura adecuada:**

◊ Mantener la inclinación correcta de la pistola o del electrodo para dirigir correctamente el calor y el material de aporte.
◊ Controlar la distancia del electrodo o la boquilla a la pieza para evitar una mala fusión por falta de energía en la zona de unión.
◊ Utilizar movimientos de oscilación cuando sea necesario, para asegurar una distribución uniforme del material de aporte.

4. **Uso de materiales adecuados:**

◊ Seleccionar el alambre tubular o electrodo apropiado según el material base y el tipo de junta.
◊ Usar gas protector adecuado en procesos como FCAW con gas protector.

Medidas correctivas

Si se detecta falta de fusión en una soldadura, se deben aplicar métodos correctivos para garantizar la resistencia de la unión:

1. **Inspección y evaluación del defecto.** Mediante la realización de ensayos se deberá identificar la ubicación exacta de la falta de fusión y evaluar si afecta la resistencia estructural de la pieza.
2. **Eliminación de la soldadura defectuosa.** Usar el procedimiento de arco aire *(gouging)* o esmerilado para remover el material mal fusionado. Reparar la junta asegurando una buena preparación de la superficie antes de volver a soldar.
3. **Reaplicación de la soldadura con parámetros corregidos:**

◊ Ajustar los valores de amperaje y voltaje para mejorar la penetración.
◊ Modificar la técnica de soldeo, asegurando una correcta inclinación y velocidad de avance.
◊ Garantizar una limpieza adecuada entre pasadas para evitar nuevas discontinuidades.

4. **Verificación de la soldadura corregida:**

◊ Realización de ensayos para confirmar que la nueva soldadura cumple con los estándares de calidad.

◑ Revisar la documentación del procedimiento de soldeo (WPS) para evitar que el problema se repita en futuras soldaduras.

 **RECUERDA**

La falta de fusión es un defecto grave en soldadura porque compromete la unión entre el metal base y el material de aporte, reduciendo la resistencia mecánica de la soldadura y aumentando el riesgo de fallos estructurales.

- -

4.4. Corrección de la porosidad

La porosidad puede comprometer la resistencia mecánica de la unión, su hermeticidad y su durabilidad, especialmente en aplicaciones sometidas a cargas dinámicas o ambientes corrosivos.

Para evitar su aparición y corregirla de manera adecuada cuando se detecta, es fundamental aplicar estrategias preventivas y métodos correctivos específicos.

Medidas preventivas

Entre ellas se destacan:

1. **Control de los gases protectores.** Usar el gas adecuado según el tipo de soldadura y verificar el caudal. Un caudal insuficiente permite la entrada de oxígeno y nitrógeno, mientras que un caudal excesivo genera turbulencias que atrapan aire en el baño de fusión. También es importante revisar las conexiones y mangueras para detectar fugas que puedan afectar la estabilidad del gas protector.
2. **Correcta preparación de la superficie de la junta.** Es necesario eliminar contaminantes como óxidos, aceites, grasas, humedad y pinturas antes de soldar. También es importante secar las piezas y el metal de aporte si han estado en ambientes húmedos para evitar la absorción de humedad, que al evaporarse genera porosidad. Es preciso asegurar un entrehierro adecuado para permitir la correcta liberación de gases durante la soldadura.
3. **Almacenamiento y manipulación adecuada de los materiales.** Hay que evitar el uso de electrodos o alambres húmedos, almacenándolos

en condiciones secas o en hornos de secado según las especificaciones del fabricante. No se deben soldar sobre superficies oxidadas o con recubrimientos contaminantes, ya que pueden liberar gases atrapados durante la fusión.

4. **Configuración adecuada de los parámetros de soldadura.** Es preciso ajustar el amperaje y voltaje correctamente para evitar una fusión inestable que favorezca la retención de gases. Controlar la velocidad de avance también cobra importancia. Un avance demasiado rápido puede atrapar gases antes de que escapen del baño de fusión. Por otro lado, se debe evitar una distancia excesiva entre la boquilla y la pieza, ya que podría afectar a la protección gaseosa.

Medidas correctivas

En caso de que la porosidad se produzca, se debe analizar el defecto y eliminarla teniendo en cuenta:

1. **Inspección del defecto.** Antes de proceder con la corrección, es fundamental evaluar la extensión de la porosidad. Para ello, se realiza la correspondiente inspección usando los ensayos adecuados. Con esto se determinará la gravedad del defecto, que permite definir el método de reparación más adecuado.

2. **Eliminación del material defectuoso.** Si la porosidad es superficial y aislada, se puede corregir mediante un desbaste ligero con esmerilado y la aplicación de un nuevo pase de soldadura. Sin embargo, cuando la porosidad es más profunda o interna, es necesario eliminar completamente la soldadura defectuosa. Para ello, se puede emplear el procedimiento de arco aire (*gouging*) o el mecanizado, asegurando la remoción total del material afectado antes de volver a soldar.

3. **Corrección de parámetros y condiciones de soldadura.** Una vez eliminada la soldadura con porosidad, es imprescindible ajustar los parámetros de soldeo para evitar que el problema se repita. Se debe regular el caudal del gas protector, evitando turbulencias o insuficiencias en la protección gaseosa. También es importante ajustar la velocidad de avance y la corriente para garantizar una fusión homogénea. Además, se debe verificar la limpieza del material base, asegurando la eliminación de contaminantes como óxidos, humedad y residuos de aceites o grasas.

4. **Verificación de la reparación.** Después de aplicar la corrección, se debe inspeccionar la soldadura reparada para confirmar que la porosidad ha sido eliminada por completo. Solo tras asegurarse de que la reparación cumple con los estándares de calidad, la soldadura puede darse por finalizada.

 **RECUERDA**

La limpieza previa es fundamental para prevenir la porosidad en la soldadura, ya que elimina contaminantes como óxidos, humedad, grasa o pintura que, al entrar en contacto con el arco, generan gases que quedan atrapados en el cordón. Si la limpieza no se realiza correctamente, se producirá porosidad, que deberá corregirse, ya que podría reducir la resistencia de la unión y afectar a su calidad estética.

4.5. Corrección de las inclusiones

Las inclusiones pueden debilitar la unión y afectar la calidad estructural de la soldadura. Para evitar su aparición y corregirlas cuando se detectan, se deben aplicar estrategias preventivas y correctivas adecuadas.

Medidas preventivas

Dados los efectos negativos de las inclusiones, se deben llevar a cabo métodos que prevengan su aparición:

Preparación de la superficie
- Conocido normalmente por sus siglas, SEM, Asegurar que la superficie esté limpia y libre de contaminantes es primordial. El uso de disolventes adecuados para eliminar aceites y grasas, así como el lijado para remover óxidos y recubrimientos, son prácticas recomendadas.

Selección correcta del alambre tubular y parámetros de soldadura
- Escoger el alambre correcto, teniendo en cuenta el tipo de material base y las condiciones de trabajo, es esencial. Además, calibrar y ajustar correctamente los parámetros de soldadura para obtener una fusión adecuada es clave.

Continúa en página siguiente >>

<< Viene de página anterior

Técnicas de soldadura adecuadas
- Conocido normalmente por sus siglas, SEM, consiste Aprender y aplicar técnicas correctas, como el control de la relación de mezcla de gases de protección y el mantenimiento del ángulo y distancia adecuados entre la antorcha y el material, puede mitigar la aparición de inclusiones. Es fundamental configurar correctamente la corriente y la velocidad de avance según el tipo de material y espesor de la junta.

Control del entorno
- Realizar las soldaduras en ambientes controlados, donde la humedad y el polvo se minimicen, ayuda a prevenir inclusiones por factores ambientales.

Medidas correctivas

Si la inclusión en la soldadura se confirma, se deben deberán tener en cuenta los siguientes aspectos a la hora de corregir el defecto:

Inspección
- Para determinar la severidad de las inclusiones, se debe realizar una inspección. Evaluar la ubicación y el tamaño de las inclusiones es clave para definir la mejor estrategia de corrección.

Eliminación del material defectuoso
- Si las inclusiones son superficiales, se pueden eliminar mediante esmerilado o mecanizado antes de aplicar un nuevo pase de soldadura. Cuando las inclusiones están atrapadas en el interior del cordón, es necesario utilizar técnicas como el *gouging* con arco aire o desbaste mecánico para eliminar completamente la soldadura defectuosa.

Corrección de los parámetros y condiciones de soldadura
- Tras la eliminación del material defectuoso, se deben ajustar los parámetros de soldadura para evitar que el problema vuelva a ocurrir. Se debe optimizar la velocidad de avance, la corriente y la temperatura del arco, garantizando una adecuada fusión del material de aporte. Además, se debe asegurar la limpieza entre pasadas para evitar que queden residuos atrapados en la soldadura.

Continúa en página siguiente >>

<< Viene de página anterior

Verificación de la reparación
- Después de aplicar la corrección, es esencial inspeccionar la soldadura reparada para verificar que no haya inclusiones remanentes. Solo tras asegurarse de que la soldadura cumple con los estándares de calidad, se podrá dar por finalizada la reparación.

 ## SABÍAS QUE...

Si la inclusión queda bien sellada dentro del cordón y no provoca fisuras visibles en la superficie, podría no detectarse con una simple inspección visual. En estos casos, solo los ensayos no destructivos, como la radiografía o los ultrasonidos, pueden revelar su presencia. Estos ensayos los veremos en la última parte de la unidad.

4.6. Corrección de corrosión interna y externa

Para evitar este problema y corregirlo cuando se detecta, es fundamental aplicar medidas preventivas y correctivas adecuadas.

Medidas preventivas

Para evitar la corrosión en la soldadura:

1. Realizar un control cuidadoso de los ambientes de almacenamiento del metal de aportación.
2. Elegir un metal de aporte que resista bien la corrosión.
3. Preparar y limpiar la superficie antes de soldar.
4. Aplicar recubrimientos protectores y tratamientos postsoldadura.
5. Diseñar adecuadamente la junta y controlar los parámetros de soldadura.

Medidas correctivas

En caso de que la soldadura contenga este defecto indeseable, debemos corregirlo mediante este procedimiento:

1. **Inspección y evaluación del grado de corrosión.** Para determinar la severidad del problema, se debe realizar una inspección de la soldadura en busca de signos de oxidación, picaduras o decoloraciones. También pueden ser necesarios ensayos para analizar la oxidación interna.
2. **Eliminación del material afectado.** Si la corrosión ha afectado la superficie externa de la soldadura, se puede eliminar mediante cepillado mecánico, esmerilado o chorro de arena. En casos más severos, cuando la corrosión ha penetrado en el interior de la soldadura, es necesario remover la zona afectada mediante el procedimiento de arco aire *(gouging)* o mecanizado, seguido de una nueva soldadura con metal de aporte adecuado.
3. **Aplicación de un tratamiento protector posterior.** Tras la corrección del defecto, es importante aplicar recubrimientos anticorrosivos, pintura protectora o procesos de pasivación en aceros inoxidables para evitar que el problema vuelva a aparecer. Además, se recomienda realizar un tratamiento térmico postsoldadura en materiales propensos a la corrosión, para aliviar tensiones internas y mejorar su durabilidad.
4. **Implementación de mejores condiciones de almacenamiento y mantenimiento.** Para prevenir la recurrencia del problema, se deben optimizar las condiciones en las que la estructura soldada estará expuesta y mantener un control adecuado de la humedad en áreas críticas, así como evitar el contacto con agentes corrosivos.

NOTA

El chorro de arena y el granallado son técnicas de limpieza superficial que eliminan óxido y contaminantes, pero difieren en sus métodos y aplicaciones:

- Chorro de arena: utiliza partículas finas, como arena o abrasivos similares, propulsadas a alta velocidad mediante aire comprimido. Es ideal para limpiar superficies delicadas o de geometrías complejas, ya que permite una limpieza más suave y precisa.
- Granallado: emplea esferas o fragmentos de acero lanzados a alta velocidad, generalmente mediante una rueda centrífuga. Es más agresivo y adecuado

Continúa en página siguiente >>

<< Viene de página anterior

para tratar superficies metálicas grandes y resistentes, eliminando capas gruesas de óxido o pintura y proporcionando un acabado uniforme.

La elección entre ambos métodos depende del material de la superficie, el tipo y grado de contaminación, y el acabado deseado.

4.7. Corrección de las salpicaduras o proyecciones

Aunque no afectan la resistencia de la unión, las salpicaduras son un defecto estético y operativo, y requieren ser eliminadas, lo que puede resultar en una pérdida de tiempo de producción. A continuación, se presentan las técnicas preventivas y correctivas para manejar este defecto.

Medidas preventivas

Destacamos las siguientes operaciones:

1. **Control adecuado de los parámetros de soldadura.** El exceso de calor puede generar una mayor cantidad de salpicaduras, por lo que es crucial ajustar correctamente los parámetros de soldeo, como la corriente, el voltaje y la velocidad de avance. Un amperaje excesivo o un voltaje alto pueden causar una fusión incontrolada, lo que lleva a la expulsión de más partículas de material fundido. Asegurarse de que estos parámetros sean adecuados para el material y el tipo de junta ayuda a minimizar las salpicaduras.
2. **Elección adecuada del electrodo o alambre de aporte.** La selección de electrodos y alambres de aporte con la composición correcta es esencial. Si el electrodo es inapropiado para el material base o no tiene las propiedades adecuadas, puede generar más salpicaduras debido a una fusión irregular o a una transferencia de metal ineficiente.
3. **Control de la distancia de la pistola al material.** Mantener la distancia adecuada entre la boquilla de la pistola y la pieza es fundamental. Si la distancia es demasiado grande, se aumenta el riesgo de que el material fundido se expulse debido a la presión de vapor generada por el arco. Ajustar esta distancia para que sea óptima ayuda a evitar la expulsión de partículas no deseadas.
4. **Uso de gases protectores adecuados.** La elección correcta del gas protector y su caudal adecuado también son importantes para reducir las

salpicaduras. Un gas insuficiente o inadecuado puede generar turbulencias en el arco, lo que aumenta la posibilidad de que el metal fundido se desprenda.

IMPORTANTE

Antes de adquirir el material de aporte para un determinado proyecto, hay que asegurarse de que su composición química y sus propiedades mecánicas sean adecuadas para los metales base que vas a unir. Esta precaución no solo mejora la calidad de la soldadura, ya que reducirá fallos como las proyecciones, sino que también previene costosas reparaciones y posibles fallos en servicio.

Medidas correctivas

Si las proyecciones se han producido durante la soldadura, debemos seguir los siguientes pasos:

1. **Inspección y evaluación de las salpicaduras.** Una vez completada la soldadura, es importante inspeccionar el cordón para identificar las salpicaduras o proyecciones. Las salpicaduras superficiales no afectan la resistencia de la soldadura, pero deben ser retiradas para mejorar la estética y la funcionalidad de la pieza.
2. **Eliminación de las salpicaduras.** Existen varias formas de eliminar las salpicaduras después de la soldadura:

   ◑ Esmerilado: el uso de una amoladora o esmeriladora para eliminar las salpicaduras en las superficies visibles.
   ◑ Cepillado con alambre: el cepillado de la soldadura con un cepillo de alambre puede ser útil para eliminar pequeñas salpicaduras, especialmente cuando son superficiales.
   ◑ Uso de herramientas de abrasión: dependiendo del tamaño y ubicación de las salpicaduras, se pueden utilizar herramientas abrasivas, como discos de esmeril o pulidores.

3. **Reajuste de los parámetros de soldadura.** Si las salpicaduras persisten o son excesivas, es posible que se deban ajustar nuevamente los parámetros de soldadura. Es recomendable reducir la corriente o el voltaje y verificar la configuración de la pistola para mejorar la transferencia de material y evitar la expulsión de partículas.

4. **Aplicación de recubrimientos protectores.** Después de eliminar las salpicaduras, es conveniente aplicar recubrimientos protectores o pinturas en las superficies expuestas para evitar la corrosión. Esto también mejora la apariencia de la soldadura y de la pieza en general, especialmente cuando las salpicaduras se encuentran en áreas visibles.

 ACTIVIDAD COMPLEMENTARIA

22. Busca en la web de algún fabricante la ficha técnica de un alambre tubular para soldadura FCAW.

    Responde:

    1. ¿Qué recomendaciones aparecen sobre limpieza o almacenamiento?
    2. ¿Qué defectos se podrían producir si se incumplen estas recomendaciones?

4.8. Corrección del alabeo y distorsión

Estos defectos pueden afectar la precisión dimensional de la pieza y comprometer la estabilidad estructural de la unión soldada. Para evitar su aparición y corregirlos cuando se presentan, es necesario aplicar estrategias adecuadas de prevención y reparación.

Medidas preventivas

La prevención del alabeo y distorsión se lleva a cabo mediante:

1. **Control del aporte térmico.** La cantidad de calor aplicado a la pieza juega un papel clave en la aparición de alabeo y distorsión. Se debe evitar una entrada de calor excesiva, ajustando correctamente los parámetros de soldadura, como el amperaje, voltaje y velocidad de avance. Además, es recomendable utilizar la menor cantidad de calor posible sin comprometer la penetración, permitiendo así una distribución térmica más uniforme.
2. **Uso de secuencias de soldadura estratégicas.** La forma en que se aplica la soldadura influye en la distribución de las tensiones térmicas. Para minimizar la distorsión, se pueden emplear técnicas como:

◊ Soldadura en tramos alternos en lugar de una secuencia continua, para distribuir mejor el calor.

◊ Soldadura en zigzag o en escalera para equilibrar la contracción del material.

◊ Uso de cordones intermitentes en lugar de continuos para reducir la acumulación de calor en una sola zona.

3. **Fijación y sujeción adecuada de las piezas.** Antes de soldar, es fundamental utilizar mordazas, plantillas o dispositivos de fijación que mantengan las piezas alineadas y eviten movimientos indeseados. Sin embargo, la sujeción no debe ser demasiado rígida, ya que podría generar tensiones internas que aumenten la distorsión después del enfriamiento.

4. **Precalentamiento y enfriamiento controlado.** El precalentamiento ayuda a reducir diferencias bruscas de temperatura entre las zonas soldadas y no soldadas, disminuyendo la tendencia al alabeo. Asimismo, el enfriamiento controlado evita que la contracción del material se produzca de forma irregular. En ciertos casos, es útil colocar pesos o utilizar técnicas de postcalentamiento para aliviar tensiones y minimizar la deformación.

IMPORTANTE

En los talleres hay que inspeccionar regularmente el estado de las mordazas y dispositivos de fijación para garantizar que estén en óptimas condiciones. Hay que evitar utilizar herramientas de sujeción dañadas o desgastadas, ya que pueden provocar desalineaciones o daños en las piezas a soldar. Por otro lado, es preciso sustituir inmediatamente cualquier herramienta de fijación que presente defectos para preservar la calidad y precisión en el proceso de soldadura.

- -

Medidas correctivas

Si en las piezas que se sueldan se nota un alabeo o distorsión excesivo o que está fuera de los estándares del proyecto correspondiente, se debe corregir. A continuación, se expone la forma de hacerlo:

1. **Inspección y evaluación del defecto.** El primer paso para corregir el alabeo es identificar el grado y tipo de distorsión presente. Se debe medir la desviación de la pieza respecto a sus dimensiones originales y analizar si el defecto afecta la funcionalidad de la estructura. En algunos

casos, la distorsión puede ser leve y corregirse con métodos simples, mientras que en otros puede requerir una reconfiguración del proceso de soldeo o incluso el uso de técnicas de mecanizado.

2. **Aplicación de técnicas de corrección mecánica.** Cuando la distorsión es leve, se pueden emplear métodos mecánicos para corregir la deformación:

   ◑ Uso de martillos y prensas hidráulicas para enderezar la pieza de manera controlada.
   ◑ Aplicación de calor localizado con soplete o inducción térmica para permitir que el metal vuelva a su posición original mediante contracción controlada.
   ◑ Técnicas de contracción con soldadura. Se pueden aplicar pequeños cordones de soldadura en áreas estratégicas para generar una contracción térmica que corrija el alabeo.

3. **Recorte y reconfiguración de la pieza.** En casos donde la distorsión es severa, es posible que sea necesario cortar y volver a soldar la pieza, siguiendo un procedimiento de soldeo que minimice la acumulación de tensiones. Para ello, se recomienda ajustar la secuencia de soldadura y aplicar un precalentamiento adecuado antes de realizar la nueva unión.

4. **Mecanizado y ajuste final.** Si después de la corrección aún quedan irregularidades, se puede recurrir a técnicas de mecanizado, rectificado o fresado para ajustar las dimensiones de la pieza. Este paso es especialmente importante en componentes que requieren alta precisión, como estructuras metálicas ensambladas o piezas industriales.

 **APLICACIÓN PRÁCTICA**

Tal y como vimos anteriormente, en la soldadura de las vigas principales de una estructura se estaba experimentando un alabeo excesivo, comprometiendo la alineación y estabilidad de la estructura. Los datos eran los que vemos a continuación.

Tras analizar las circunstancias de producción, Manuel observó que las causas del alabeo y distorsión fueron:

1. **Un amperaje elevado y una velocidad de desplazamiento baja, lo que ha podido generar un exceso de calor en la zona de unión. Esta**

Continúa en página siguiente >>

<< Viene de página anterior

condición ha provocado una expansión térmica desigual, favoreciendo el alabeo de la viga.

2. Al hacer la soldadura de un solo lado de la viga, se ha generado una diferencia de temperatura entre las caras de la estructura, aumentando las tensiones de contracción en un solo sentido y causando la deformación.

3. No se ha seguido el WPS correspondiente respecto a usar pases intermitentes y una técnica de distribución de calor equilibrada. Por tanto, se han generado acumulaciones de calor que favorecen la distorsión.

4. ¿Qué propondrías para intentar que esta problemática no se volviera a repetir?

Solución

Para corregir el problema, Manuel debería:

- Ajustar los parámetros de soldadura, reduciendo el amperaje y aumentando la velocidad de desplazamiento para disminuir la entrada de calor.
- Aplicar una secuencia de soldadura alternada, soldando en diferentes áreas de la viga para distribuir el calor de manera uniforme.
- Incorporar un precalentamiento controlado y un enfriamiento gradual, evitando cambios bruscos de temperatura que generen tensiones no deseadas.

---

5. Inspección visual de las soldaduras

☞ HILO CONDUCTOR

Manuel es consciente de la importancia de la inspección visual de las soldaduras. Es consciente de que ampliar el conocimiento teórico-práctico en esta técnica de inspección es vital para la mejora de la labor profesional de cualquier soldador.

Los ensayos no destructivos (END) son fundamentales para evaluar la integridad de las soldaduras sin comprometer la pieza examinada. Estos ensayos permiten la identificación de defectos superficiales e internos de manera eficaz y económica. En este apartado vamos a analizar el método primario de END, la inspección visual de soldaduras.

Esta técnica es un proceso esencial en el campo de la soldadura con alambre tubular. Sirve como una herramienta de control de calidad, que permite evaluar de manera rápida y efectiva la calidad de una soldadura antes de proceder a análisis más técnicos y costosos. La importancia de esta técnica radica en su capacidad para identificar defectos evidentes que podrían comprometer la integridad estructural de una pieza soldada.

Como primer paso en la evaluación de una soldadura, su objetivo es identificar características superficiales que no cumplen con los estándares de diseño, las normas de fabricación o los criterios específicos de la industria. Aunque es una técnica que no requiere de equipo sofisticado, sí exige un alto nivel de competencia técnica, experiencia y conocimientos sobre lo que es aceptable y lo que no lo es.

En este apartado, analizaremos en profundidad las técnicas de inspección visual, los equipos necesarios, los criterios de evaluación y las mejores prácticas para detectar y evaluar los defectos en soldaduras.

5.1. Equipos y herramientas

La inspección visual es una etapa crucial dentro del proceso de soldadura con alambre tubular, ya que permite identificar y corregir defectos que puedan comprometer la integridad de la soldadura. Las herramientas de inspección desempeñan un papel fundamental en esta fase, ya que permiten evaluar la calidad del cordón de soldadura, verificar que cumple con los estándares técnicos específicos, y asegurar la seguridad y fiabilidad del producto final. Estas herramientas pueden variar, desde equipos simples y manuales hasta sofisticados dispositivos electrónicos. A continuación, se detallan las principales herramientas de inspección utilizadas en la soldadura con alambre tubular, su funcionamiento y sus aplicaciones.

Lupa de inspección

Es una herramienta sencilla pero efectiva que se utiliza para examinar de cerca la superficie de la soldadura. Normalmente, estas lupas están equipadas con luz LED para mejorar la visibilidad en áreas de difícil acceso. Permiten a los inspectores observar de cerca el cordón de soldadura, identificar grietas superficiales, picaduras y otras imperfecciones visibles a simple vista. Un ejemplo del uso de la lupa es la inspección de las soldaduras en estructuras de acero, donde las condiciones de baja iluminación podrían dificultar la detección de defectos.

Lupa de inspección

Calibres de soldadura

Existen varios tipos de calibres o galgas diseñados específicamente para medir diferentes características de la soldadura, como la altura, el ancho, la penetración y el ángulo de la soldadura. Un calibre comúnmente usado es el galga de soldadura de *fillet,* que permite medir el tamaño y el perfil de la soldadura *fillet,* asegurando que cumple con las especificaciones del diseño. Los calibres de soldadura son esenciales en la verificación de uniones en tuberías o estructuras metálicas donde las especificaciones de diseño son vitales para la resistencia y funcionalidad del producto.

Calibre de soldadura para evaluar características dimensionales del cordón

Espejos de inspección

Los espejos de inspección son herramientas esenciales en la evaluación visual de soldaduras, especialmente en aquellas áreas de difícil acceso donde el inspector no puede observar directamente el cordón. Se utilizan para examinar el reverso de las soldaduras, juntas ocultas o zonas de difícil visibilidad, permitiendo detectar defectos superficiales como grietas, socavados, falta de fusión o porosidad.

Uso de espejo de inspección durante la ejecución de la inspección visual de soldaduras

 ## ACTIVIDAD COMPLEMENTARIA

23. Busca en una tienda *online* o catálogo técnico tres herramientas profesionales utilizadas para la inspección visual de soldaduras. Anota su nombre y su uso principal.

Elementos de registro y documentación

Para llevar a cabo una inspección visual eficaz en soldadura, es fundamental contar con herramientas de registro y documentación que permitan un análisis detallado y un seguimiento adecuado de los defectos detectados. Las cámaras fotográficas o digitales juegan un papel clave en este proceso, ya que permiten capturar imágenes de las soldaduras para documentar irregularidades y generar reportes visuales que faciliten la evaluación posterior.

Además, el uso de cuadernos de anotaciones resulta esencial para registrar mediciones, observaciones y hallazgos, asegurando un control de calidad preciso. Para validar si una soldadura cumple con los estándares exigidos, es indispensable contar con normativas de referencia como AWS D1.1, ISO 5817 o UNE-EN 1090, las cuales establecen los criterios de aceptación y los límites permisibles de discontinuidades, garantizando que el trabajo realizado cumpla con las especificaciones requeridas.

Equipos de seguridad del inspector

Durante la inspección visual de soldaduras, el uso de equipos de protección personal es fundamental para garantizar la seguridad del inspector. Las gafas de seguridad protegen los ojos contra partículas y residuos metálicos, mientras que los guantes de protección evitan cortes o quemaduras al manipular piezas aún calientes. Además, un casco o gorra con visor resguarda contra impactos y chispas en entornos industriales, asegurando una evaluación segura y eficiente.

 **RECUERDA**

Durante la realización de la inspección visual es importante que se realice un registro de las observaciones realizadas. Es decir, que se anoten las alturas de cordón, la alineación de las piezas, los ángulos de bisel o cualquier otro parámetro obtenido con herramientas de medición, y se incluyan fotografías con resolución óptima que muestren los defectos encontrados en la inspección.

5.2. Criterios de evaluación

La inspección visual suele comenzar con una revisión general de toda la soldadura para, luego, enfocar la observación en áreas problemáticas. Los criterios de evaluación se basan en normas establecidas por organizaciones como la American Welding Society (AWS) o la International Organization for Standardization (ISO). Estos estándares describen las características aceptables de un cordón de soldadura, como su apariencia, dimensiones y la ausencia de defectos.

A continuación, describiremos los principales criterios de inspección aplicables tanto en la fase previa como durante y después del proceso de soldadura.

Dimensionalidad de la soldadura

La dimensionalidad de la soldadura es uno de los primeros criterios a considerar en el proceso de inspección. Esto implica comprobar que las dimensiones de la soldadura —incluidas la anchura, la altura del cordón y la geometría de la soldadura en ángulo— cumplen con lo especificado en los planos, requerimientos técnicos del proyecto o en los WPS. Para ello, se pueden emplear diferentes herramientas de medición, como las galgas de soldadura, que permiten verificar las dimensiones de manera precisa:

- **Anchura del cordón.** La anchura del cordón de soldadura debe coincidir con las especificaciones y ser uniforme a lo largo de toda la soldadura.
- **Altura del cordón.** La altura del cordón, o su refuerzo, no debe ser excesiva, ya que podría resultar en restricciones no deseadas que podrían favorecer la aparición de grietas. De igual forma, una altura insuficiente puede comprometer la resistencia de la unión.
- **Geometría de la soldadura en ángulo.** Se comprobará que el cuello de la soldadura cumpla con las dimensiones requeridas.

Defectos en la superficie

El análisis de los defectos en la superficie no solo mide la apariencia, sino también su posible implicación en la integridad estructural de la unión. Entre los defectos más comunes se encuentran:

- **Fisuras o grietas externas.** Las fisuras pueden reducir la resistencia de una soldadura y actuar como puntos de inicio de fractura. No se admiten bajo ninguna circunstancia.
- **Porosidad en la superficie de la soldadura.** Esta se manifiesta mediante la aparición de pequeñas cavidades o agujeros en la superficie de la soldadura. La porosidad no debe sobrepasar el tamaño y la distribución máxima especificada en la norma correspondiente.
- **Salpicaduras.** Aunque generalmente se consideran defectos detractores de la estética más que estructurales, las salpicaduras pueden interferir en el acabado externo de la soldadura y también afectar tratamientos posteriores como recubrimientos y acabados.
- **Inclusiones de escoria.** Se revisa la limpieza del cordón y la ausencia de material atrapado. No se permiten si afectan la resistencia o continuidad de la unión.

Uniformidad del cordón de soldadura

La uniformidad del cordón es esencial para garantizar tanto la resistencia como la estética de la soldadura. La inspección debe verificar:

- **Simetría del cordón.** El cordón debe ser simétrico en relación a la junta y presentar una apariencia uniforme. Las variaciones podrían indicar problemas durante el proceso.
- **Regularidad del perfil.** Un perfil irregular puede indicar ajustes incorrectos de parámetros de soldadura o problemas con la técnica del soldeo.

Adherencia al metal base

Un criterio esencial es la capacidad de la soldadura de adherirse correctamente al metal base. Se debe revisar:

- **Fusión correcta del borde.** La fusión termina en los bordes de la soldadura y la falta de fusión o fusiones frías indica insuficiencia de calor o una técnica inadecuada. Esta falta de fusión en los bordes no puede superar los límites establecidos.
- **Distorsiones y deformaciones.** Aunque ciertas distorsiones pueden ser normales conforme al trabajo y diseño, una inspección detallada es necesaria para determinar si han superado los límites aceptables de diseño.

Verificación de la pieza previa a la soladura y postsoldeo

Antes de ejecutar la soldadura, y tras la realización de la misma, es importante realizar las siguientes revisiones:

- Evaluación de la correcta limpieza de la zona a soldar.
- Verificación de la ausencia de contaminantes como óxidos, grasas o humedad.
- Se verifica si la soldadura ha generado distorsiones a la pieza.
- Se controla la alineación de las juntas antes y después del soldeo.
- Control de la estructura terminada para evaluar el cumplimiento de las tolerancias dimensionales de la misma.

SABÍAS QUE...

Cuando se suelda una estructura metálica, el material experimenta dilataciones y contracciones debido a los efectos térmicos del proceso. Estas variaciones pueden generar deformaciones, alabeos y diferencias dimensionales respecto a las medidas originales del diseño. Para controlar estos efectos, se establecen límites de tolerancia que permiten pequeñas variaciones sin afectar la funcionalidad de la pieza.

ACTIVIDAD COMPLEMENTARIA

24. Busca y lee los criterios de aceptación/rechazo según la norma UNE-EN ISO 5817. ¿Qué defectos contempla la norma? ¿Qué categorías de calidad define?

5.3. Condiciones para una inspección visual efectiva en soldadura

Para llevar a cabo una inspección visual de soldaduras de manera precisa y fiable, es fundamental que el inspector posea ciertas cualidades que le permitan evaluar correctamente la calidad de las uniones soldadas. Entre los requisitos más importantes se encuentran una agudeza visual destacada, una sólida experiencia en procesos de soldeo y una formación especializada en inspección de soldadura. Estas capacidades son esenciales para determinar si una pieza cumple con los estándares de calidad establecidos.

Además de estas aptitudes básicas, el inspector debe complementar su formación con conocimientos adicionales y desarrollar criterios de evaluación que le permitan realizar una inspección detallada y precisa, tal como se detalla a continuación.

Conocimientos y competencias del inspector de soldadura

El inspector de soldadura debe contar con una combinación de habilidades técnicas y conocimientos especializados adquiridos a través de la práctica y la experiencia. Su capacidad para identificar defectos y evaluar la conformidad de una soldadura dependerá de su preparación y de su destreza en la aplicación de normas y procedimientos.

Para desarrollar estas competencias, existen múltiples programas de formación y cursos de especialización, donde los aspirantes adquieren la capacitación necesaria para realizar inspecciones con criterio y objetividad. Sin embargo, el desarrollo de una visión crítica y analítica en la inspección de soldaduras no se logra de inmediato, sino que requiere años de práctica y aprendizaje continuo.

IMPORTANTE

La evaluación de la agudeza visual es un requisito indispensable para obtener la certificación como inspector de soldadura.

- -

ACTIVIDAD COMPLEMENTARIA

25. Investiga sobre la figura del IWS (especialista internacional en soldadura) y su papel en la garantía de calidad en los trabajos de soldeo. Puedes buscar vídeos de *Youtube* u otros recursos.

- -

6. Ensayos utilizados para la detección de errores

HILO CONDUCTOR

Tras ampliar el conocimiento en la inspección visual y los criterios de aceptación recogidos en la norma, Manuel ha decidido ampliar su formación en ensayos para detectar discontinuidades de soldadura que pueden dar lugar a defectos y errores.

- -

La calidad en las uniones soldadas depende significativamente de la capacidad para identificar y corregir defectos y errores en el proceso de soldadura. La detección eficaz de imperfecciones se logra a través de diversos métodos de ensayo, cada uno con sus ventajas y limitaciones. En el apartado anterior se expuso uno de los ensayos no destructivos, la inspección visual, y en este capítulo se analizarán otros tipos de ensayo.

En el contexto de la soldadura con alambre tubular, donde la calidad es crucial para la integridad estructural y la seguridad de las construcciones, es esencial comprender y seleccionar adecuadamente los ensayos que contribuirán a asegurar que las uniones cumplan con los estándares requeridos.

En este apartado, se exploran los ensayos comúnmente empleados en la detección de errores en soldaduras con alambre tubular.

6.1. Ensayos no destructivos

En el ámbito de la soldadura con alambre tubular, como en cualquier proceso de soldadura, es imperativo asegurar la calidad y la integridad de las uniones soldadas. Los ensayos no destructivos (END) juegan un papel crítico al permitir evaluar estas cualidades sin comprometer la funcionalidad del material o la junta. Estos ensayos proporcionan una vía para detectar y caracterizar discontinuidades ocultas, defectos o cualquier imperfección que pueda afectar el desempeño del producto terminado.

A diferencia de los ensayos destructivos, que implican la alteración o destrucción de la muestra para evaluar sus propiedades, los ensayos no destructivos ofrecen la ventaja de examinar componentes y estructuras en servicio, conservando su integridad para el uso posterior. En el capítulo anterior se analizó la inspección visual y, a continuación, se detallan algunos de los métodos más utilizados en la práctica del ensayo no destructivo en soldaduras con alambre tubular.

Métodos de ensayos no destructivos

A continuación, se describen los métodos de ensayos no destructivos. Se describe el procedimiento de ensayo, así como su campo de aplicación.

Ensayo por líquidos penetrantes (PT)

El método de líquidos penetrantes es especialmente útil para detectar defectos abiertos en la superficie en materiales no porosos.

Consiste en aplicar un líquido de penetración sobre la superficie a inspeccionar, que penetra en las discontinuidades gracias a su baja viscosidad. Después del tiempo de penetración, se elimina el excedente de la superficie y se aplica un revelador que absorbe los penetrantes que emergen de las discontinuidades, haciendo visible una indicación que permite identificar y ubicar fisuras superficiales o porosidad.

Inspector llevando a cabo el ensayo de líquidos penetrantes en una soldadura sobre acero al carbono

Es un método versátil, utilizado a menudo en la inspección de soldaduras tanto ferrosas como no ferrosas.

Ensayo de líquidos penetrantes (secuencia de actuación)

Limpiar superficie	Aplicar limpiador	Aplicar penetrante	Retirar exceso	Aplicar revelador	Defecto

Continúa en página siguiente >>

<< Viene de página anterior

Defectos detectados en soldadura mediante líquidos penetrantes

 **IMPORTANTE**

Este ensayo se usa en sectores críticos, como el ferroviario y el aeronáutico. Su limitación es que solo detecta defectos superficiales.

Ensayo por partículas magnéticas (MT)

Utilizado principalmente para la inspección de soldaduras en materiales ferromagnéticos, el ensayo por partículas magnéticas implica el magnetismo de la pieza y la aplicación de partículas minerales o metálicas. Las discontinuidades en o cerca de la superficie del material (tales como las grietas) generan fugas de campo magnético, atrayendo las partículas magnéticas y permitiendo su detección mediante una acumulación visible.

Este método permite la identificación de defectos superficiales y subsuperficiales en juntas soldadas en materiales como el acero.

Inspección mediante partículas magnéticas

 **IMPORTANTE**

La inspección mediante partículas magnéticas permite identificar tanto defectos superficiales como aquellos situados a poca profundidad en materiales ferromagnéticos. Es importante considerar que la detección de fallos depende de su tamaño, ya que cuanto más pequeño sea el defecto, menor será la profundidad a la que podrá ser identificado con precisión. Cabe destacar también que este método es más rápido que los líquidos penetrantes, pero no detecta defectos alineados con el campo magnético.

- -

Radiografía industrial (RT)

La radiografía industrial utiliza radiación electromagnética de alta penetración, como rayos X o rayos gamma, para generar imágenes del interior de las uniones soldadas. Las fallas dentro de la estructura material alteran la absorción de la radiación, creando contrastes en la película de rayos X que representan las discontinuidades.

La radiografía es particularmente eficaz para identificar defectos internos, como porosidad volumétrica, inclusiones de escoria, grietas planas o falta de fusión.

IMPORTANTE

La radiografía industrial es uno de los ensayos no destructivos más confiables, pero requiere medidas de seguridad estrictas debido a la exposición a radiaciones ionizantes.

- -

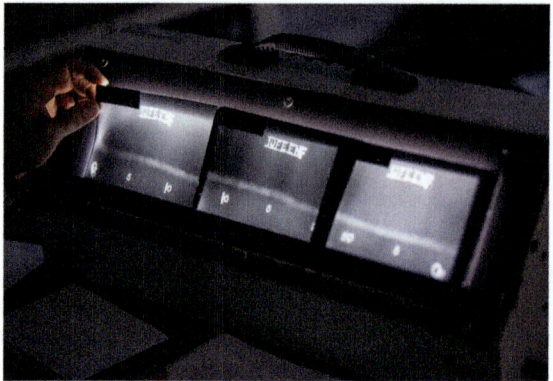

Inspección de soldadura mediante radiografía industrial

Ultrasonidos (UT)

El ensayo por ultrasonidos aprovecha las ondas sonoras de alta frecuencia que se introducen en el material y registran los ecos reflejados por discontinuidades internas. Este método permite medir espesores de material, detectar defectos internos y determinar con exactitud su tamaño y ubicación. Ofrece la ventaja de poder utilizarse en componentes de diversos tamaños y formas, y es especialmente apreciado para la inspección de soldaduras en materiales no ferromagnéticos.

Su principal ventaja es que puede identificar defectos a diferentes profundidades según la frecuencia utilizada.

Inspección de soldadura mediante ensayo de ultrasonidos

Ensayo de corrientes inducidas (ET)

Este método es más comúnmente aplicado a materiales conductores eléctricos, y utiliza una sonda que genera un campo magnético alterno que induce corrientes en la superficie del material. Las discontinuidades de las soldaduras alteran estas corrientes, modificando el campo magnético detectado.

El ensayo de corrientes inducidas es adecuado para la detección de defectos superficiales o cercanos a la superficie, particularmente en tuberías y planchas finas soldadas.

Inspección de soldadura mediante corrientes inducidas

ACTIVIDAD COMPLEMENTARIA

26. Busca un ejemplo real o plantilla de un **programa de puntos de inspección (PPI)** aplicado a estructuras soldadas.

Responde:

1. ¿Qué información suele incluir un PPI?
2. ¿Qué fases de fabricación se inspeccionan?
3. ¿En qué momento se realiza la inspección visual?

Ventajas de los ensayos no destructivos en la soldadura con alambre tubular

Las técnicas de END permiten asegurar que los materiales y las soldaduras cumplan con los estándares de calidad sin destrucción, ahorrando costes y tiempo en reparación o reelaboración. Previenen fallos catastróficos al identificar temprano defectos que podrían evolucionar en fracturas. Además, la capacidad de inspeccionar durante la fabricación *in situ* asegura que los productos no tengan defectos y estén listos para cumplir las expectativas de desempeño y seguridad.

Los ensayos no destructivos ofrecen un marco robusto para evaluar la calidad de las soldaduras con alambre tubular, integrando controles de calidad avanzados en cada fase del ciclo de vida del producto. Con ellos, los profesionales de la soldadura y la inspección pueden garantizar que las uniones soldadas soporten las exigencias de sus aplicaciones, promoviendo la seguridad, la eficiencia y la vida útil extendida de los componentes fabricados.

TAREA 7

Manuel forma parte del equipo encargado de verificar la calidad de las soldaduras de un conjunto de soportes estructurales de acero al carbono destinados a una cubierta industrial. Las uniones han sido realizadas mediante el proceso FCAW,

Continúa en página siguiente >>

<< Viene de página anterior

y la dirección técnica solicita una verificación completa de cada una antes del pintado final. Se le ha pedido a Manuel:

1. Diseñar un **plan básico de inspección,** indicando:

   a. El tipo de ensayo o ensayos no destructivos que aplicaría
   b. Las herramientas mínimas necesarias para llevarlos a cabo
   c. Los criterios básicos de aceptación de inspección visual que utilizaría

2. Justifica la elección de los métodos propuestos según las características del proceso y el uso final de las piezas.

6.2. Ensayos destructivos

Los ensayos destructivos son una metodología crítica en la evaluación y control de calidad de las soldaduras con alambre tubular. A diferencia de los ensayos no destructivos expuestos anteriormente, los ensayos destructivos involucran la destrucción de la pieza de prueba para analizar profundamente sus propiedades internas, estructura y defectos. Son esenciales para entender cómo una soldadura se comportará bajo diferentes condiciones de carga, tensión y ambiente. Este análisis exhaustivo es indispensable para asegurar que las soldaduras sean seguras, fiables y de alta calidad.

 **IMPORTANTE**

Los ensayos destructivos nos permiten identificar la resistencia y ductilidad de una soldadura, además de ofrecer información detallada sobre la calidad del metal soldado y la zona afectada por el calor (ZAC). Así, se pueden detectar defectos intrínsecos y evaluar el comportamiento del material bajo tensiones que simulan condiciones reales de trabajo. Este tipo de ensayos es particularmente útil en la industria de la construcción y automotriz, donde las fallas en las soldaduras pueden tener consecuencias catastróficas.

Tipos de ensayos destructivos

Existen varios tipos de ensayos destructivos que proporcionan información valiosa sobre diferentes aspectos de una soldadura.

Ensayo de tracción

Este ensayo mide la resistencia de una soldadura al estiramiento. Una muestra se sujeta entre dos mordazas y se aplica una carga de tracción hasta que la muestra se rompa.

Los resultados ayudan a determinar la máxima carga que la soldadura puede soportar sin fallar. Este ensayo es fundamental para entender la capacidad de carga de las uniones soldadas y es uno de los indicadores primordiales de calidad en soldaduras, indicando la cohesión entre el metal base y la soldadura.

Ensayo de doblado

El ensayo de doblado se utiliza para determinar la ductilidad de una soldadura y la calidad de su unión. La muestra se dobla hasta un ángulo específico, de modo que la superficie de la soldadura quede en la parte exterior de la curva.

La presencia de grietas o fracturas indica problemas en la ductilidad o posibles defectos de soldadura, como falta de fusión o penetración incompleta.

Ensayo de impacto (charpy o izod)

Este ensayo evalúa la tenacidad de la soldadura, es decir, su capacidad para absorber energía durante una deformación rápida. Se realiza a baja temperatura para simular condiciones adversas, midiendo la cantidad de energía absorbida por la muestra antes de que se rompa. La resistencia a impactos es crucial en aplicaciones donde las estructuras están sujetas a golpes o vibraciones significativas, como en vehículos o puentes.

Ensayo de dureza

Este ensayo mide la resistencia al desgaste y penetración mediante el uso de una carga fija sobre una puntal. Los valores de dureza proporcionan información sobre la resistencia al desgaste y la diferencia de dureza a lo largo de la zona de soldadura, y la ZAC puede indicar diferencia en propiedades mecánicas que pueden llevar a fallas. Entre los métodos más comunes para evaluar la dureza en metales soldados se encuentran el ensayo Brinell, Vickers y Rockwell.

Microexaminación metalográfica

Este ensayo implica el corte, pulido y grabado de secciones de la muestra para su observación bajo un microscopio. La microestructura revelada permitirá detectar diferentes estructuras y fases metálicas, así como inclusiones, porosidad o crecimiento de grano.

Una correcta microestructura es fundamental para garantizar las propiedades mecánicas y químicas adecuadas.

Ensayo de fatiga

La soldadura frecuentemente está sujeta a cargas cíclicas. El ensayo de fatiga implica someter una muestra a tensiones repetitivas hasta que ocurra la rotura, calculándose así el número de ciclos que la muestra puede soportar.

Este dato es vital para diseños que demandan longevidad, como componentes de aviones o estructuras sujetas a vibraciones.

Ensayo de oxidación y corrosión

Consiste en realizar pruebas en ambientes químicos agresivos (corrosión) y en condiciones ambientales poco favorables de exposición prolongada (oxidación).

Probetas de material soldado al que se le han realizado ensayos de tracción y doblado

SABÍAS QUE...

Para certificar un procedimiento de soldadura (WPS, *welding procedure speci-fication*) es obligatorio realizar ensayos no destructivos en la soldadura final, asegurando que cumple con los requisitos de calidad sin comprometer la pieza. Además, se deben extraer muestras para ensayos destructivos, como tracción, doblado e impacto, con el fin de evaluar la resistencia mecánica y garantizar la fiabilidad del procedimiento antes de su aplicación en producción.

- -

ACTIVIDAD COMPLEMENTARIA

27. Accede al sitio web de un laboratorio de ensayos industriales y localiza una ficha técnica de algún ensayo de tracción. Busca un vídeo en *Youtube* sobre dicho ensayo.

    Responde:

    1. ¿Qué se mide exactamente en el ensayo?
    2. ¿Qué norma lo regula?
    3. ¿Qué información incluye la ficha?

- -

Limitaciones de los ensayos no destructivos en la soldadura con alambre tubular

Es importante tener en cuenta las limitaciones éticas de los ensayos des-tructivos. Cada muestra destruida implica un coste y debe respetar consi-deraciones ambientales sobre desperdicio de materiales. La naturaleza invasiva del ensayo impone también la necesidad de minimizar el número de muestras necesarias y buscar alternativas que compensen este requeri-miento, recurriendo cuando sea posible a simular condiciones bajo escena-rios controlados o utilizando técnicas complementarias.

En suma, los ensayos destructivos, aunque costosos y destructivos, siguen siendo esenciales para garantizar el cumplimiento de estándares de calidad en numerosas aplicaciones industriales. A través de una combinación de precisión técnica y manejo experto de la información, proporcionan datos esenciales para mantener la seguridad, eficiencia y durabilidad de las soldaduras, asegurando con ello la integridad de las estructuras y dispositivos de los que todos dependemos en nuestra vida diaria.

 **APLICACIÓN PRÁCTICA**

Manuel está asesorando a otra empresa que fabrica pasarelas peatonales metálicas. Debido a una queja de vibración excesiva, el cliente solicita una inspección completa de las soldaduras. La estructura ya está montada y en uso.

1. **¿Qué tipo de ensayo aplicarías para detectar defectos internos sin desmontar la estructura?**
2. **¿Cuál de los ensayos propuestos no sería viable en este caso? Justifica tu respuesta.**
3. **¿Qué ventajas tiene realizar un ensayo no destructivo en este tipo de elementos estructurales instalados en espacios públicos?**

Solución

La opción más adecuada es el ensayo por ultrasonidos (UT), ya que permite detectar discontinuidades internas en estructuras ya montadas, sin necesidad de desmontarlas, y sin dañar el material. Es portátil, preciso y aplicable en diferentes posiciones.

El ensayo destructivo (como una prueba de impacto o tracción en una probeta real) no es viable, ya que implicaría dañar o inutilizar parte de la pasarela, lo que es incompatible con una estructura instalada y en uso. Además, los ensayos como partículas magnéticas también pueden tener limitaciones si el material no es ferromagnético.

Permite verificar la seguridad estructural sin detener el uso de la instalación, evitando costes por desmontaje o sustitución. Además, ayuda a detectar defectos incipientes antes de que se conviertan en fallos críticos, reduciendo riesgos para los usuarios y facilitando el mantenimiento preventivo.

7. Resumen

El conocimiento de los tipos de defectos de la soldadura nos permite profundizar en cómo ciertos parámetros técnicos y condiciones de trabajo influyen directamente en su aparición.

Conociendo las causas que los generan, es posible establecer medidas correctoras y preventivas eficaces, como el ajuste adecuado de la corriente, la selección del hilo de aporte o la correcta limpieza de la zona de trabajo, lo que permite minimizar riesgos y optimizar el resultado final de la soldadura.

La evaluación de las uniones soldadas, una vez finalizado el proceso de soldeo, resulta clave para garantizar la calidad y seguridad del trabajo realizado. Esta evaluación se realiza a través de los ensayos destructivos y no destructivos de la soldadura, incluida la inspección visual en estos últimos. Con ellos se busca identificar cualquier irregularidad o discontinuidad que pueda comprometer la integridad del cordón, ya sea a nivel superficial o interno.

Ejercicios de autoevaluación
Unidad de Aprendizaje 2

1. ¿Cuál de los siguientes defectos es considerado crítico por su facilidad para propagarse y causar fallos estructurales?

   a. Falta de simetría
   b. Grietas
   c. Proyecciones
   d. Socavado

2. ¿Qué ensayo no destructivo es el más apropiado para detectar discontinuidades internas en soldaduras?

   a. Inspección visual
   b. Líquidos penetrantes
   c. Partículas magnéticas
   d. Ultrasonidos

3. Determina si la siguiente oración es verdadera o falsa: "Las inclusiones de escoria pueden producirse si no se limpia correctamente entre pasadas de soldadura".

   ■ Verdadero
   ■ Falso

4. Completa la siguiente oración:

   El defecto denominado _____ se produce cuando el material fundido se desborda más allá del borde del chaflán, sin fusionarse con el metal base.

5. ¿Por qué es importante realizar ensayos no destructivos en estructuras críticas una vez soldadas?

   _____
   _____
   _____
   _____

6. Relaciona los conceptos:

    a. Porosidad
    b. Inclusión de escoria
    c. Socavado

    __ Ocurre por presencia de escoria atrapada entre pasadas.
    __ Se genera por burbujas de gas atrapadas en el metal solidificado.
    __ Es una erosión en los bordes del cordón por exceso de calor.

7. Ordena los siguientes pasos en un proceso correcto de inspección visual:

- Limpiar la zona del cordón de soldadura.
- Comparar con los criterios de aceptación establecidos.
- Realizar observación con luz adecuada y herramientas de inspección.
- Identificar e interpretar las discontinuidades.
- Documentar los resultados.

8. Determina si la siguiente oración es verdadera o falsa: "El ensayo con partículas magnéticas solo permite detectar discontinuidades internas profundas".

- ■ Verdadero
- ■ Falso

9. Completa la siguiente oración:

Las grietas por solidificación pueden evitarse mediante un _____ adecuado y un _____ controlado que reduzca las tensiones internas.

10. ¿Qué defecto puede presentarse si el operador mantiene una velocidad muy baja de avance y un ángulo inadecuado de la pistola?

    a. Falta de material
    b. Falta de penetración
    c. Socavado
    d. Falta de alineación

Glosario

Alambre tubular (FCAW)
Electrodo consumible que tiene un núcleo relleno con fundente, usado en soldadura por arco eléctrico.

Amperaje
Magnitud que mide la intensidad de la corriente eléctrica durante el proceso de soldadura.

Arco eléctrico
Descarga eléctrica continua entre el electrodo y el metal base, utilizada para fundir materiales y realizar soldaduras.

AWS (American Welding Society)
Sociedad estadounidense que establece normativas y estándares para procesos de soldadura.

Baño de fusión
Zona líquida formada por la fusión del metal base y el metal de aporte durante la soldadura.

Concavidad en la raíz
Depresión o hundimiento localizado en la raíz del cordón de soldadura.

Corriente de soldadura
Flujo eléctrico regulado utilizado para fundir y unir metales en el proceso de soldadura.

Defecto de soldadura
Discontinuidad o imperfección en el cordón de soldadura que excede los límites de aceptación establecidos.

Electrodo tubular

Varilla metálica hueca rellena de fundente que genera gases y escorias protectoras durante la soldadura.

Ensayos no destructivos (END)

Técnicas utilizadas para evaluar la calidad e integridad de las soldaduras sin causar daños al material.

Extensión del electrodo (stick-out)

Distancia entre la punta del alambre tubular y la boquilla de contacto en la pistola de soldadura.

Falta de fusión

Defecto caracterizado por la insuficiente integración entre el metal base y el metal de aporte durante la soldadura.

Fisuras o grietas

Rupturas o fracturas que se presentan en el cordón de soldadura debido a tensiones internas o procesos térmicos inadecuados.

Gas protector

Gas usado para proteger el baño de fusión del contacto con la atmósfera durante el proceso de soldadura.

Inclusiones

Partículas sólidas no metálicas atrapadas dentro del metal de soldadura.

Porosidad

Defecto que consiste en la presencia de cavidades o burbujas generadas por gases atrapados dentro del metal solidificado.

Posiciones de soldadura

Orientaciones específicas del proceso de soldadura (plana, horizontal, vertical, sobre cabeza) definidas según normativas AWS y UNE-EN.

Salpicaduras

Pequeñas partículas de metal fundido proyectadas desde el arco eléctrico hacia zonas cercanas durante el proceso de soldadura.

Socavado o mordedura

Surco o depresión en el metal base junto al borde de la soldadura causado por calor excesivo o por técnica inadecuada.

Voltaje de arco

Diferencia de potencial eléctrico entre el electrodo y la pieza que afecta la longitud del arco eléctrico y la estabilidad del mismo.

Bibliografía

_____

Monografías

→ CABRERO Armijo, J. M.: UF1676: *Soldadura con alambre tubular.* Antequera: IC Editorial, 2022.

> Manual práctico que detalla los aspectos fundamentales del proceso de soldadura con alambre tubular (FCAW). Describe la regulación adecuada de parámetros como corriente, voltaje, velocidad de alimentación del alambre y extensión del electrodo, así como las diferentes posiciones de soldadura según normativas AWS y UNE-EN. Incluye actividades complementarias orientadas a profundizar en técnicas operativas específicas y problemas comunes en el soldeo.

→ REINA, M.: *Soldadura de los aceros.* Cuarta edición. Weld-Work, 2003.

> Libro especializado que aborda las técnicas y aplicaciones específicas en la soldadura de diferentes tipos de aceros.

_____

Textos electrónicos

→ Asociación Española de Soldadura y Tecnologías de Unión (CESOL), de: <https://www.cesol.es>.

> Página web oficial de CESOL con información técnica especializada sobre procesos de soldadura, ensayos no destructivos y normativas aplicables.

_____

Legislación

→ UNE-EN ISO 6947:2019. Soldadura y procesos afines. Posiciones de soldadura.

> Normativa internacional que define y clasifica las posiciones estándar utilizadas en los procesos de soldadura, facilitando criterios técnicos para la ejecución de trabajos en diversas orientaciones espaciales.

→ AWS D1.1/D1.1M:2020. *Structural welding code–steel.*

Normativa estadounidense que establece los requisitos específicos para soldaduras estructurales en acero, incluyendo procedimientos recomendados, criterios de aceptación y métodos de inspección.

→ UNE-EN ISO 9606-1:2017. Cualificación de soldadores. Soldeo por fusión.

Normativa europea que especifica los requisitos de cualificación de los soldadores en procesos de soldeo por fusión, incluyendo criterios para evaluar y certificar la competencia profesional.

→ UNE-EN ISO 15614-1:2017. Especificación y cualificación de los procedimientos de soldeo para materiales metálicos.

Normativa internacional que establece métodos para la calificación de procedimientos de soldadura, garantizando que los procesos aplicados cumplan con los estándares necesarios para asegurar la calidad de las soldaduras realizadas.

→ UNE-EN ISO 9712:2022. Ensayos no destructivos. Cualificación y certificación del personal.

Normativa que establece los requisitos generales para la cualificación y certificación del personal involucrado en ensayos no destructivos (END), garantizando la competencia técnica del personal en métodos específicos.

→ UNE-EN ISO 17635:2017. Ensayos no destructivos de uniones soldadas. Reglas generales para materiales metálicos.

Normativa internacional que proporciona reglas generales para la aplicación de métodos de ensayos no destructivos en la evaluación de uniones soldadas, asegurando la calidad y fiabilidad de las inspecciones realizadas.